[加]
马尔科姆 · 格拉德威尔
（Malcolm Gladwell）著
苗飞 译

Outliers
The Story of Success

不一样的成功启示录

异类

中信出版集团 | 北京

图书在版编目（CIP）数据

异类：不一样的成功启示录 /（加）马尔科姆 · 格拉德威尔著；苗飞译 . -- 3 版 . -- 北京：中信出版社，2020.8（2025.3重印）

书名原文：Outliers: The Story of Success

ISBN 978-7-5217-1905-5

Ⅰ . ①异…　Ⅱ . ①马… ②苗…　Ⅲ . ①成功心理—通俗读物　Ⅳ . ① B848.4-49

中国版本图书馆 CIP 数据核字（2020）第 085770 号

异类——不一样的成功启示录
编者：　[加] 马尔科姆 · 格拉德威尔
译者：　苗飞
出版发行：中信出版集团股份有限公司
（北京市朝阳区东三环北路 27 号嘉铭中心　邮编　100020）
承印者：　北京通州皇家印刷厂

开本：880mm × 1230mm 1/32　　印张：10.25　　字数：227 千字
版次：2020 年 8 月第 3 版　　印次：2025 年 3 月第 17 次印刷
京权图字：01–2008–5244　　书号：ISBN 978–7–5217–1905–5
定价：69.00 元

致黛西

马尔科姆·格拉德威尔还著有

《引爆点》

《眨眼之间》

《逆转》

《大开眼界》

《陌生人效应》

所获赞誉

为了让人们更深刻地认识自身的特性，马尔科姆·格拉德威尔再次运用他的聪明才智来分析一种常见而又神秘的文化现象——“异类”的生活。成千上万的人都想要复制这些杰出的人的成功。格拉德威尔想知道，那些活得独特的人与其他人之间有什么区别？从软件行业的亿万富翁到职业运动员，格拉德威尔都以他的反直观逻辑表明成功人士的出生地点、出生日期以及其受教育的方式才是其获得成功的关键，而非“习惯”……同他的其他著作一样，他的洞察力既能给读者带来慰藉，也可能会令你感到不适。

——艾丽莎·沙贝尔（Elissa Schappell），《名利场》

在非虚构写作的广阔世界中，马尔科姆·格拉德威尔可以说是迄今为止最有才华的之一……《异类》的阅读体验令人备感愉悦，并且会让你在阅读后不断回味其独具特色的理论……格拉德威尔的新书《异类》几乎算是一种宣言式的存在。

——戴维·莱昂哈特（David Leonhardt），《纽约时报书评》

这本书毫无疑问能够鼓舞人心……这是一本关于成功学的极具启发性和实用性的书。

——乔纳·拉斯金（Jonah Raskin），《旧金山纪事报》

这本书对于教育工作者、猎头和父母来说是必读书目之一……《异类》这本书深入剖析了格拉德威尔先生提出的“10 000小时定律”。

——乔安妮·麦克尼尔（Joanne McNeil），《华盛顿时报》

这是一本重要的新书……格拉德威尔巧妙地捕捉到了对人类最具影响力的因素——文化模式、社会背景和文化基因……在关于人性的探讨中，格拉德威尔的社会决定论是对“经济人”假设的有益修正。

——戴维·布鲁克斯（David Brooks），《纽约时报》

《异类》是一本引人入胜的书。书中传达了一条重要信息：通过更好地理解使人们成功的因素，我们应该能够培养出更多成功（和快乐）的人。

——《经济学人》

这本读起来令人愉悦的《异类》可能是格拉德威尔迄今为止最好的和最有用的一本书……这里既有精彩的故事，也有人生的经验教训。《异类》将科学性、实用性和娱乐性融为一体。

——格雷戈里·基施林（Gregory Kirschling），《娱乐周刊》

《异类》既拥有独特的散文风格又具备发人深省的内容，堪称个中翘楚。格拉德威尔以某种方式使其文字充满了炫目感，但同时又清晰而直接地表达了他的观点。

——弗兰克·赖斯（Frank Reiss），《亚特兰大宪法报》

这本书迷人又有趣，揭示了成功背后鲜为人知的力量。

——詹姆斯·F. 斯威尼（James F. Sweeney），《克利夫兰老实人报》

格拉德威尔在《异类》中的观点十分发人深省。

——《商业周刊》

格拉德威尔的洞察力十足……如果有足够多的人阅读并思考“异类”的含义，也许可以帮助我们转变当前人们对教育和生活的态度。

——托马斯·索厄尔（Tomas Sowell），《华盛顿邮报》

马尔科姆·格拉德威尔具有不可多得的能力：他可以将学术研究转变为现实世界成功者的寓言故事……《异类》具有心理学和社会学意义，文字优雅，引人入胜。

——斯蒂芬·科特金（Stephen Kotkin），《纽约时报》

你将很难抗拒马尔科姆·格拉德威尔……读一本他的书就像坐在他家厨房的桌子旁，看他跑来跑去，从文件柜中拿出各种研究报告，从书架上取下厚厚的传记，从笔记本电脑中调出电子表格，他会冲你喊道：“看这个！”“你能相信这个吗?!”然后他又会变得严肃起来，问道：“你知道这很重要吗？”……总而言之，《异类》是一本关于20世纪的书，提供了成功者如何获得成功的独特视角。

——丽贝卡·斯泰尼茨（Rebecca Steinitz），《波士顿环球报》

发人深省、有趣且令人难以抗拒的辩论性文字……《异类》是格拉德威尔这个灵敏的社会观察者的又一次胜利。

——赫勒·麦卡尔平（Heller McAlpin），《基督教科学箴言报》

格拉德威尔的著作总是那么引人入胜，他会从科学中汲取灵感，其文章充斥着科学研究成果，十分令人着迷。

——玛格丽特·沙利文（Margaret Sullivan），《布法罗新闻》

格拉德威尔将传统观念颠覆了……凭借在社会科学中发现不同寻常之处的洞察力，他在当代作家中脱颖而出……格拉德威尔的《异类》展现了他的天赋……就像在社会科学研究的大量岩石收藏中发现了非凡的珠宝，并将它们别出心裁地摆放在精致的环境中。

——霍华德·加德纳（Howard Gardner），《华盛顿邮报》

就像在《眨眼之间》和《引爆点》中一样，《异类》中的故事也颇为吸人眼球，其引用的数据令人感到不可思议。

——马克斯·罗斯（Max Ross），《明尼阿波利斯明星论坛报》

没有其他作家能更好地完成这样一本书了。如果我不是阅读了格拉德威尔的书，那我会嫉妒他的才华，而不是他的运气。

——杰里·阿德勒（Jerry Adler），《新闻周刊》

这是一本颇有见地的书……对成就心理学感兴趣的人都应该阅读。

——康妮·格拉泽（Connie Glaser），《亚特兰大商业纪事报》

格拉德威尔先生的论点正中要害……他满怀激情地强调，必须培养可能受自身情况或环境限制的优秀人才。

——戴维·A. 谢维兹（David A. Shaywitz），《华尔街日报》

这本书读起来非常令人愉悦，也为读者提供了大量信息……马尔科姆·格拉德威尔让读者陷入沉思——对作者来说，还有比这更好的称赞吗？

——阿尔·哈奇森（Al Hutchison），《坦帕论坛报》

这本书具有极高的可读性和娱乐性……马尔科姆·格拉德威尔是一位成功的实践者，这本书中的内容对于大众读者来说代表着社会科学的新潮流，其中包含了社会学、经济学、心理学、历史学……格拉德威尔所讲述的成功故事十分令人振奋，书中关于冰球运动员、计算机天才、公司律师，以及企业家的成功之路的叙述格外专业。

——克里斯平·萨特韦尔（Crispin Sartwell），《费城问询者报》

发人深省……格拉德威尔的这本书涉猎广泛，故事性十足，极具可读性……这本书中的各种信息和人物都很有趣。

——《新科学家》杂志

《异类》可能是马尔科姆·格拉德威尔迄今为止最重要的一本书了……格

拉德威尔为读者提供了一种看待世界的新方式。

——迈克尔 · 邦德（Michael Bond），《自然》杂志

格拉德威尔的独特视角让读者以全新的方式思考智力、成功和名声……《异类》是一本充满智慧的、有趣的书，它激发了读者的思想，并扩大了他们的视野。它本身就是一部天才之作。

——约翰 · T. 斯拉尼亚（John T. Slania），BookPage（美国最佳书籍评论网）

在你阅读本段内容时，《异类》将已出售数十亿册。尽管这本书的成千上万的读者将会是学生和企业高管，格拉德威尔将为他们揭开人类难以理解的行为背后的动因，但《异类》的目标受众也可能是焦虑的父母。

——乔尔 · 洛弗尔（Joel Lovell），《智族》

在《异类》这本书中，马尔科姆 · 格拉德威尔再次做到了将原本枯燥无味的主题，以令人愉悦的、几乎算是轻松易读的文字展现出来……精致的细节照亮了格拉德威尔这部出色的作品。

——斯科特 · 科夫曼（Scott Coffman），《路易斯维尔信使报》

格拉德威尔知道如何通过编织逸事和访谈来从本应是枯燥的社会学和心理学研究中编织出一条线索，以说明他关于如何最大程度地发挥人类潜力的理论。

——米歇尔 · 阿彻（Michelle Archer），《今日美国》

我喜欢马尔科姆·格拉德威尔引导我思考的方式……格拉德威尔用他独特的流行社会学和一系列有趣的逸事来证明，与勇气和智慧一样，时机也与成功息息相关。

——苏珊·赖默（Susan Reimer），《巴尔的摩太阳报》

格拉德威尔再次证明了他本质上开创性的精湛手法——这本书阐明了日常现象背后不为人知的模式……格拉德威尔打破了个人成功的神话，探索文化、环境、时机、出生和运气是如何成就成功的，以及那些具有成功的潜力，最终却因历史因素而未能成功的案例。即使我们知道其中很多故事的结局，格拉德威尔仍通过其独特的文章架构恢复了这些故事的悬念和偶然性，使它们引人入胜。

——《商业出版周刊》

《异类》是一本鼓舞人心的书，因其清晰的散文结构和强大的智慧而备受青睐。格拉德威尔在创作方面的时机可谓无可挑剔。他有能力与热忱与读者分享他对时代精神的解读。

——约翰·斯特朗（John Strawn），《波特兰俄勒冈人报》

第一部分
机　遇

第二部分
文化传承

6

7

8

9

系列推荐序

格拉德威尔的世界

得到 App 总编辑

李　翔

1

2000 年，35 岁的马尔科姆·格拉德威尔出版了自己的第一本书《引爆点》。

在此之前，他是一个留着“爆炸头”发型的记者，喜欢在家附近的麦当劳工作。他有一个数学家父亲和一个心理学家母亲，出生在英国，在加拿大长大并读大学，后来到美国工作。他是一个注定要走上写作这条路的人。6 岁的时候他就开始阅读，最初的读物是《圣经》。16 岁的时候，他写了一篇小说，在这篇虚构的作品里，他采访了上帝。这篇小说为他赢得了一项写作奖。

不过，后来格拉德威尔说，他从来没想过自己要成为一个作家。大学快要毕业的时候，他想去广告公司工作。于是他向多伦多的 18 家广告公司都投了简历，结果没有一家公司觉得他是从事广告工作的料。他也想过读研究生，但是他没信心自己能考上。他想申请一份奖学金，到海外去游学一年，结果也失败了。

无奈之余，在多伦多大学拿到历史学位之后，格拉德威尔在印第安纳州出版《美国观察者》（*The American Spectator*）的一家小杂志社谋得了一份编辑的工作。他仍然不怎么走运，被杂志社开除了，据他自己说是因为他经常睡过头。在做了几年的自由撰稿人之后，他又在《华盛顿邮报》找到了一份记者的工作，报道的领域包括商业、科技和医药。1996 年，他从《华盛顿邮报》跳槽到了《纽约客》，这份杂志可以给他充分的空间来写那些他感兴趣的话题。

在《纽约客》，按照他的编辑亨利 · 菲德尔的说法，格拉德威尔发展出了一种新的文体——“格拉德威尔式文体”。这种文体的特征是以观念探索为驱动，在个人经历、社会事件和历史场景中来回转换，使人们开始重新思考早已默认的观念。

举两个例子。在《番茄酱之谜》这篇文章里，格拉德威尔试图解释一个在美国人的生活里很常见但是却没人仔细去探究的问题：为什么人们能够接受不同口味的芥末酱，由此得以让一个更高端的品牌贵普朋（Grey Poupon）崛起，人们也能够接受不同口味的意大利面酱

（事实上，格拉德威尔在 TED[①] 演讲中说，有 7 种不同的醋、14 种不同的芥末酱和 71 种不同的橄榄油），但是，自从亨氏推出番茄酱，这个产品就再也没有产生过什么变化？

在《天才神话：“聪明人”是否名过其实》这篇文章中，格拉德威尔用心理学原理和案例分析对麦肯锡公司和它的客户们颇为推崇的人才识别系统发起挑战：“麦肯锡需要的是那种能够跳出既有框架思考的人，可是他们从未想过，如果每个人都需要跳出框架思考，那么就应该是这个框架本身需要被调整了。”

在《引爆点》里，格拉德威尔把自己的这种风格发挥到了极致。他从暇步士（Hush Puppies）休闲鞋的意外走红和纽约犯罪率的突然下降开始谈起，然后发展出了自己的一套用来解释事情突然变化的理论。简而言之，这套理论就是用来解释为什么某个事物突然开始流行，或者流行的趋势突然发生变化的。

尽管格拉德威尔总是谦逊地说，他一直认为只有自己的亲戚朋友才会花钱去买一本《引爆点》，但是它在《纽约时报》的畅销书排行榜上停留了 28 周，卖出了 170 万册。格拉德威尔本人也从一名《纽约客》的作者摇身一变，成为无数经理人眼中的“营销上帝”。用他自己的话说，他开始在电脑键盘和麦克风之间摇摆：作为《纽约客》的作者，他每年要为这本杂志撰写 5 万到 6 万字的文章，题材任选；作为炙手可热的《引爆点》的作者，他每年要做 25 场演讲（他的出场费用已经高达每场 4 万美元）。《时代》杂志把他评选为“全球最具

① TED 是美国的一家私有非营利性机构，该机构以它组织的 TED 大会著称，会议的宗旨是“传播一切值得传播的创意”。——编者注

影响力的100人”之一；在咨询公司埃森哲（Accenture）列出的50位管理大师名单中，格拉德威尔名列第27位，排在他后面的包括第37位的杰克·韦尔奇和第45位的理查德·布兰森［维珍（Virgin）品牌的创始人］；商业杂志《快公司》称赞格拉德威尔是“21世纪的彼得·德鲁克”。

2

从《引爆点》出版到现在，格拉德威尔已经出版了六本书，每一本都是超级畅销书。

在《引爆点》中，格拉德威尔分析了一个事物如何变得流行，掀起一股浪潮，或者如何抑制一个事物——比如疾病——的流行。他提出了流行三法则：个别人物法则、附着力法则和环境威力法则。个别人物由三类人构成：联络员、内行和推销员。联络员是善于结识人并且会介绍这些新结识的人相互认识的人，我们认识的人中大多数都是通过联络员介绍认识的；内行是对某种事物——比如汽车、手机甚至肥皂——感兴趣并且极其了解的人；推销员则是生活中那些不停推荐我们买什么样的东西、去哪家餐馆的人。附着力法则意味着，事物本身的微小改变可以改变它的命运，比如一款商品在设计上的微小变动就可以让它大卖。环境威力法则意味着，环境的微小改变能够引起巨大的变化，最好的例子莫过于纽约地铁犯罪率的突然下降——警方只是简单地将地铁站的涂鸦清洗掉，并且严禁逃票，结果所有重大犯罪的犯罪率都下降了。《引爆点》旨在证明格拉德威尔的一种简单想法，即改变这个世界并没有我们想象的那样困难，有时候，仅仅需要找到恰当的方法，并不需要太多成本，我们就能改变世界。

在 2005 年出版的《眨眼之间》(*Blink*) 里，格拉德威尔详细解释了人们所忽略的另外一种思维方式。我们非常重视理性的推论，并且我们接受的所有教育也都在培养这种思维方式，可是我们却忽略了另外一种思维方式——我们的直觉、我们的瞬间判断力。格拉德威尔要阐释的就是这种新的思维方式。他在书的序言中就举了一个典型的瞬间决断的例子：博物馆买下了一座雕像，专家们使用各种仪器对其进行研究，认为它是古希腊时期的，可是一位来访的教授第一眼就认定它是现代仿品，后来它果然被证明是现代仿品。

2008 年，格拉德威尔出版了《异类》。这本书的内容是研究成功。不过，正如书的副标题说的那样，他要写的是"不一样的成功启示录"。格拉德威尔在书里面推翻了天才的神话。他把"10 000 小时定律"普及开来：这个定律指的是，在任何领域要想取得出类拔萃的成就，必须要经过至少 10 000 个小时的练习。他要指出的另一个关于成功的不一样的地方在于，你出生的年代，甚至你出生的月份，会在很大程度上影响你的人生。美国最富有的人中有 14 个都生活在镀金时代[①]，包括比尔·盖茨和乔布斯在内的计算机大亨也都出生在20世纪50 年代。你出生的年代决定了你在一次新的技术浪潮来临时，是否站在了一个恰当的位置上。

2013 年的《逆转》讨论的是强弱对比的问题。在格拉德威尔看来，有些劣势可以成为优势，而有些旁人认为的优势其实是劣势。他

---

① 镀金时代指从南北战争结束到 20 世纪初的美国历史时期。——编者注

从探讨大卫和歌利亚的决斗出发来解释这一点。大卫之所以能战胜歌利亚，一个很重要的原因是他拒绝遵守决斗规则。大卫拒绝了以色列军队统帅扫罗要借给他的铠甲和利剑，因为披上厚重的铠甲并手持利剑之后，行动速度就会降低，而且这会迫使他不得不像一个步兵那样和步兵中的佼佼者歌利亚来决斗。他选择在离对手有一段距离的位置向其没有遮挡的前额投出石块，从而成功击晕了歌利亚这个巨人，然后快速接近他并用歌利亚的剑斩下其头颅，而不是面对面地用兵器和歌利亚拼个你死我活。回到我们生活的世界，患上阅读障碍症的人也得到了补偿：有的人变得更会倾听，有的人变得更加善辩、更加具有说服力，而且他们都更能接受失败。相反，很多优势却未必会一直是优势。比如，并不是班级越小，教学质量就越高；不是你考入的大学越好，你就会越成功。

《逆转》出版六年之后，格拉德威尔出版了《陌生人效应》。这本书要探讨的主题是，陌生人之间为什么会产生误解、轻信和冲突。为什么一名古巴间谍能够潜伏中情局很多年，能够成功骗过其他经验丰富的情报官员？并且更让人吃惊的是，当事后反思时，人们其实能够发现其有过无数的破绽。为什么尽管不断有人向美国证监会等机构举报麦道夫，但他的庞氏骗局依然能够维持那么多年？为什么交通警察会开出那么多罚单，并且很容易跟司机发生冲突？

除了以上五本书，格拉德威尔还把他为《纽约客》写的文章结集出版为一本书——《大开眼界》。我前面提到的《番茄酱之谜》就被收录在这本书里。这本书还收录了他对《黑天鹅》一书的作者塔勒布的采访。

格拉德威尔的每一本书都在探讨一个每个人都会关心的问题，并且能给出一个不同的思考维度：某个事物为什么会流行？人们是如何思考和决策的？什么样的人能够取得世俗成功？优势和劣势如何互相转换？人们为什么会轻信他人，又为什么会跟他人发生冲突？

他的每一本书都是典型的“格拉德威尔式文体”，用讲故事的方式来介绍最新的科学研究，以解释生活中司空见惯的事，并改变你对这些事情的看法。格拉德威尔在一次采访中盛赞另一位非虚构作家迈克尔·刘易斯为天才，其实，他自己又何尝不是一个天才呢？

格拉德威尔曾经说，他写作的动力之一就是想知道，如果用另一个人的眼睛、另一个人的头脑去看、去思考某个问题，他会得到什么样的答案——无论是关于番茄酱、“挑战者”号航天飞机事故，还是一桩公司丑闻。如今，通过他的书，我们有了一条捷径，可以透过他的眼睛和头脑去看、去思考问题。

我强烈推荐你随便翻开一本格拉德威尔的书，走进格拉德威尔的世界。他一定会改变你对事物的既有看法。

引言

罗塞托之谜

人类栖身其中的自然环境和社会环境，

对人类的发展发挥着不可磨灭的作用。

异类［out · li · er \ -, li (-ə) r \］，名词

1. 离开主体或者相关本体的东西；

2. 一个在价值上能与其他样本显著区别开的统计观察值。

健康的罗塞托人

罗塞托·瓦尔弗托雷城（Roseto Valfortore，以下简称罗塞托）坐落在亚平宁山山脚，它是意大利福贾省的一个小城，位于首都罗马的东南方向，距离罗马约 100 英里[①]。小城环绕一个中心广场展开，带有典型的中世纪村庄风格。正对广场的是马切斯宫，是当时这片土地的大地主萨杰赛家族的宅邸。旁边一座拱门通向卡尔米内山圣母教堂（Our Lady of Mount Carmine）。顺着山边狭窄石梯拾级而上，就能看到一排排有着红瓦屋顶的两层石头房屋。

---

① 1 英里约等于 1.61 千米。——编者注

几百年来，罗塞托的居民不是在附近山上的采石场劳作，就是在山下的梯田耕种。他们每天早晨要走四五英里的路下山干活，傍晚再花相同的时间回家。那时他们的生活着实不易，大多数人不识字，他们很难想出什么办法改变贫穷的生活状态。直到19世纪末，离开家园的第一批罗塞托人在大洋彼岸找到新的机遇，罗塞托小城的人才有了一丝新的希望。

1882年1月，11个罗塞托人——包括10个成年男子和1个小孩儿——乘船向美国纽约进发。初到美国，他们在曼哈顿小意大利区桑树街一家小旅馆的地板上睡了一夜。随后，他们向西行进，最终在纽约市以西90英里，宾夕法尼亚班戈城附近的一处采石场找到工作。第二年，又有15个罗塞托人离开意大利来到美洲。他们中的一些人与先到的同胞会合，一起在采石场谋生。这一批新移民不断向故乡发出信息，描述这个充满机遇的新环境。于是，一批又一批罗塞托人背起行囊向宾夕法尼亚进发。不久，移民的人群就从涓涓细流汇聚成移民潮汹涌而来。仅1894年那一年，就有约1 200个罗塞托人办理护照前往美国，而他们的老家罗塞托则逐渐变得冷冷清清。

渐渐地，这些罗塞托移民开始购置土地。通往班戈城的道路崎岖不平，地面上全是四轮马车轧过的痕迹，而他们所购置的土地就遍布在道路两旁的石山之上。他们沿着山坡建满了有着石板屋顶的两层石头房子，这些狭长的街道慢慢变得热闹起来。他们在此处修建了一座教堂，将其命名为迦密山圣母教堂（Our Lady of Mount Carmel），并把教堂所在的主街道命名为加里波第大道（加里波第是意大利统一运动的著名领袖）。一开始，人们给小镇起名“新意大利”，但很快又改称“罗塞托”。因为那里的移民几乎都来自同一个小城，这个名字让他们备感亲切。

1896 年，一位年轻力壮的神父帕斯夸莱·德·尼斯科接管了迦密山圣母教堂。他着手举办节日活动，在当地组织宗教生活。尼斯科鼓励居民们清扫街道，他还发放种子和树苗，让他们在自家后院种植洋葱、大豆、马铃薯、甜瓜和果树。渐渐地，小镇开始焕发生机。村民们有的养猪，有的种葡萄酿酒。小镇建起了学校、公园、修女院和墓园。一些小商店、面包房，甚至饭店、酒吧也开始在加里波第大道两旁出现。随后，10 多家制衣厂也纷纷开张，从事服装贸易活动。离罗塞托最近的镇子是班戈城，在班戈城周边聚居着大量的威尔士人和英格兰人，而另一边的镇子则以德国移民为主。那时候，这些国家之间的关系极为紧张，这就意味着居住在罗塞托的只可能是从意大利罗塞托来的移民。在 20 世纪初的几十年间，走在宾夕法尼亚的罗塞托，你就会发现这里的人只说意大利语，确切来说是只说意大利福贾省南部小城罗塞托的方言。总之，宾夕法尼亚的这个罗塞托是个自给自足、外界知之甚少的小地方。直到斯图尔特·沃尔夫（Stewart Wolf）出现，人们才逐渐揭开这个小镇神秘的面纱。

沃尔夫是一名内科大夫，主要研究肠胃以及消化系统。他当时在俄克拉何马大学医学院任教。他曾多次在宾夕法尼亚离罗塞托不远的一个农场度暑假——当然，即便如此，他对罗塞托也鲜有耳闻。罗塞托是个封闭的小世界，就连相邻的几个城镇对它也知之甚少。“大约在 20 世纪 50 年代后期的某一年夏天，我们又到了那个地方。我受邀在当地的一个医学研讨会上发言。”多年以后，沃尔夫在一个访谈节目中这样说道，“演讲完毕，一个同行请我吃饭。席间，他对我说：‘你知道吗，我在这里行医 17 年了，收治的病人遍布整个地区，但我几乎从来没见过 65 岁以下的罗塞托人身患心脏病。’”

沃尔夫相当吃惊。在 20 世纪 50 年代，预防心脏病的降胆固醇药物以及侵入性治疗方式还未出现，心脏病是当时美国的流行病，已成为 65 岁以下男性的头号杀手。一般而言，那个时代的医生在工作中肯定都接触过 65 岁以下的心脏病病人。

于是，沃尔夫打算就此课题进行调研。他召集了他在俄克拉何马的一些学生和同事来帮忙。他们收集了罗塞托地区大量的病患死亡报告，包括许多年前的病患资料。他们分析了病患的诊疗记录，并研究了用药记录以及病人家谱。“当时我们忙坏了。”沃尔夫说，“我们决定先进行初步研究，就从 1961 年的记录着手分析。镇长告诉我：‘我的 4 个姐姐都能来帮忙。你们还可以用镇上议会的会议室。’我说：‘那你们怎么开会？’然后他说：‘我想办法推迟会议吧。’于是，来帮忙的女士们为我们做午餐，而我们则把会议室隔成了小隔间，在那里采血，测心电图。初步研究用了 4 个星期。随后，我与当地一些有威望的人士进行了交谈。我们打算借用当地小学一个夏天的时间，因为我想把研究范围扩大到所有的罗塞托人。”

研究结果令人称奇。在罗塞托 55 岁以下的居民当中，没有一例死于心脏病，甚至连一例显示出心脏病症状的病人都没有。该地区 65 岁以上男性的心脏病死亡率只有全美国心脏病死亡率的一半左右。而该地区总体死亡率也比预期低 30%~35%。

沃尔夫请来了他在俄克拉何马的好友——社会学家约翰 · 布鲁恩

协助调研。“我雇来医学系和社会学系的学生，在罗塞托挨家挨户登门拜访，对所有年龄超过21岁的成年人做问卷调查。”布鲁恩回忆道。虽然时间已经过去了50多年，但当他提到当年调研的发现时，布鲁恩还是掩饰不住内心的激动，“这里没人自杀，没人酗酒，没人吸毒，犯罪率也很低。他们没有人领救济金。我们甚至没有发现任何人患上胃溃疡。生活在这里的人大多是自然死亡，就这么简单。”

可以用沃尔夫的专业术语来形容罗塞托这样的地方——它超出了我们的日常经验，惯例已不再适用于此——罗塞托是一个“异类”（outlier）。

超越个体寻找原因

一开始，沃尔夫以为，罗塞托人保留了旧时代的健康食谱，这使他们比美国其他地区的居民都更健康。但很快他就发现这个假设不正确。在美国的罗塞托人做菜时喜欢用猪油，而不是像意大利的罗塞托人那样，食用更有利于健康的橄榄油。意大利人在做比萨时，会在薄薄的酥皮表面上抹油、撒盐，再加上西红柿、凤尾鱼或洋葱，而宾夕法尼亚的罗塞托人则用香肠、辣香肠、腊肠、火腿和鸡蛋来制作比萨。意大利脆饼和塔拉利饼干在意大利一般是为圣诞节和复活节准备的，而在美国的罗塞托，人们一整年都这么吃。沃尔夫请来营养师对典型的罗塞托人的饮食习惯进行分析，竟然发现当地人身体热量的41%来自饮食中的脂肪成分。在这里，人们并没有早起做瑜伽或者慢跑锻炼的习惯。恰恰相反，这里的人喜欢吸烟，而且很多人都过度肥胖。

既然饮食与锻炼都无法揭开罗塞托之谜，研究人员很容易就想到遗传基因因素。在美国的罗塞托移民和意大利的罗塞托人有着紧密的亲缘关系，所以沃尔夫设想，是不是他们有特殊的耐受基因保护他们远离疾病。为此，沃尔夫开始调查生活在美国其他地区的罗塞托人的情况，看看他们是不是和他们在宾夕法尼亚的亲戚一样百毒不侵。但结果并非如此。

于是，沃尔夫又开始考虑罗塞托人所处的地理位置：是不是宾夕法尼亚东部的山麓环境给人们带来了健康？班戈城是离罗塞托最近的镇子，就在山脚下，另一个比较近的镇子是几英里外的拿撒勒。两个镇子与罗塞托面积相当，人口结构也差不多，都是从事重体力劳动的欧洲移民。然而，沃尔夫在将 3 个镇子的医疗报告比较后发现，班戈和拿撒勒 65 岁以上男性的心脏病死亡率，是罗塞托的 3 倍。这一条线索也断了。

慢慢地，沃尔夫开始意识到，罗塞托的秘密不在于饮食，不在于运动，也不在于遗传基因和地理位置，而在于罗塞托社会自身。当沃尔夫和布鲁恩漫步在这个小镇的时候，他们终于明白了其中的奥秘。他们看到这里的人们如何走访亲友，如何在半路上停下来用意大利语拉家常，如何在院子里为家人做饭。他们对构建起罗塞托社会的不断拓展的家族也有了进一步的认识。这里有许多三代同堂的大家庭，长辈在家族中享有绝对权威。居民们都参加迦密山圣母教堂的弥撒，教会在团结社会和安抚伤痛方面发挥了重要作用。在这个人口不到 2 000 的小镇上，竟然存在 22 个相互独立的社会团体。这里的人崇尚平等理念，富人不会浮夸炫耀，整个社会都愿意帮助失败者走出困境。

在罗塞托人将意大利南部的本土文化移植到宾夕法尼亚州山区的

过程中，他们建立起了一种强大的社会结构，这使他们免受现代社会的压力。罗塞托人之所以健康，是因为他们生活在一个自给自足的山区小镇。

“我记得在第一次去罗塞托时，看到祖孙三代共进晚餐，看到街边有许多惬意的小面包店。那里的人经常在街上散步，有空就会坐在门廊那里聊天。女人们在制衣厂工作，而男人们则在采石场里劳动。”布鲁恩说，“这真是一幅和谐的图景。”

可以想象，当布鲁恩和沃尔夫第一次在医学研讨会上提出这种观点时，他们会受到多少人的质疑。他们的同行当时正用冗长的数据分析遗传因素，或用复杂的图表分析生理原因，他们压根就没想到当街驻足聊天，或者三代同堂的生活方式才是揭开罗塞托之谜的关键。当年主流的观点是长寿与否取决于我们是谁，也就是个体的基因，还仰赖个体做出的选择——选择吃什么、选择锻炼多长时间，以及医疗体系的健全程度。在此之前，从来没有人从“社区”的角度研究过人体健康问题。

沃尔夫和布鲁恩的研究结果使医学界最终认识到，孤立地考虑个人选择和个人行为，根本无法解释罗塞托的人是如何保持健康的。这为医学界研究心脏疾病和健康问题提供了一条全新的途径：超越个人的范围寻找原因——要理解人们所处的文化背景，要考虑他们的家庭和朋友的状况，要追踪其家族渊源。人们必须认识到，人类栖身其中的自然环境和社会环境，对人类的发展发挥着不可磨灭的作用。[1]

斯图尔特·沃尔夫所做的工作是努力揭开健康的奥秘，而在本书中，我所做的工作则是揭开成功的奥秘。

第 一 部 分

机　遇

1

马太效应：
英超球员的优势累积

天才并非一开始就表现出众，一开始他 / 她只是比别人优秀那么一点点。

成功靠什么？

在 2007 年 5 月一个温暖的春日里，加拿大两支冰球劲旅——梅迪辛哈特“老虎”队与温哥华“巨人”队在不列颠哥伦比亚省首府温哥华相遇，争夺“纪念杯”冰球赛冠军的宝座。“老虎”与“巨人”是加拿大冰球联盟中最棒的两支队伍，也是世界青年冰球联盟中最优秀的两支队伍。这些体育界明日之星的年龄为 17~19 岁，他们都是从小就擅长滑冰、酷爱打冰球的运动天才。

这场比赛由加拿大国家电视台实况直播。当天，整个温哥华人潮涌动，处处挂满了“纪念杯”赛的横幅。长长的红地毯横铺在赛场的冰面上，主持人正在介绍队员与嘉宾。首先出场的是不列颠哥伦比亚省省长戈登·坎贝尔。接着主持人提高嗓门宣布：“女士们、先生们，有请冰球先生！”全场掌声雷动，冰球届的传奇人物戈迪·豪（Gordie Howe）步入会场。

在接下来的 60 分钟内，双方球队为观众呈现了一场劲爆的巅峰对决。第二局一开始，“巨人”队的马里奥·布利兹纳科一记射门，球反弹入网，获得领先优势。但到了第二局的后半段，“老虎”队的前锋达伦·赫尔姆发动快速进攻，攻破“巨人”队门将泰森·塞克斯史密斯把守的大门，将比分扳平。第三局，“巨人”队全面反攻，击出了决定性的一球，比分再次领先。任凭“老虎”队频换门将，“巨人”队越战越勇，将领先优势保持到最后一刻。最终“巨人”打败了“老虎”，取得胜利。

比赛结束后，球员、球员亲属和记者们拥入“巨人”队的休息室。空气中弥漫着球员的汗味，以及烟卷和香槟的味道。休息室的墙上贴着手绘的横幅：“迎接挑战”。此刻，“巨人”队教练唐·海被众人包围，他激动得热泪盈眶：“我为我的球员骄傲，看看在这儿的每个人，他们个个全力以赴，他们都是好样的！”

加拿大冰球运动员的培养实行的是精英教育体制。数以千计的孩子在上幼儿园之前就已开始进行冰球启蒙了。从那时起，小球员就按年龄被分组，在每个年龄组内又按能力高低被分成不同级别。各个级别的球员经过分类、评估、筛选后，能力更强的孩子将参加更高级别的训练。球员到了十五六岁，球队中的佼佼者将被送入职业青年队，这是冰球运动的金字塔顶。如果身在职业青年队，又被选中去打“纪念杯”比赛，那么这名球员就站在金字塔塔尖上了。

大部分体育项目都是这样挑选未来之星的：欧洲和南美的足球界挑选队员正是如此，奥运会遴选运动员也是如此。其实，音乐界挑选未来的音乐家，芭蕾舞领域挑选未来的芭蕾舞艺术家也都是一样，我们的精英教育体系挑选明日的科学家和知识分子也都是如此。

进入冰球职业青年队的机会不是用金钱买来的，也不是靠父母或家族势力，而是靠自己的实力争取的。实际上，即便你住在加拿大北部最偏远的地方也不要紧，只要你有能力，球探们就会找到你。如果你又愿意发挥自己的特长，这种制度将会给你丰厚的回报。在冰球运动中获得成功，依靠的是个人优势——个人意愿和能力优势两者缺一不可。球员之所以能成功，依靠的是自己的表现，而不是他人的帮助；他们依靠的是其自身的能力，而并非其他因素。

然而，事实真是如此吗？

成功者之幸

本书所讨论的“异类”，正是那些能力超群的人士。我把本章放在全书最前面，目的就是先介绍林林总总、各式各样的超常之人，其中有天才、商业巨子、摇滚明星和软件工程师。我将为你揭开大牌律师鲜为人知的成功秘诀，会告诉你为什么最棒的飞行员也会坠机，还要揭示为什么亚洲人在数学方面独具天赋。通过对杰出人士的人生——他们或技艺精湛，或才华横溢，或进取不息——进行分析，我发现人们关于成功的传统观念存在根本性的错误。

关于成功人士，我们通常会问什么问题？我们想知道他们是怎样的人：有怎样的个性，有怎样的心智，以怎样的方式生活，有怎样的天赋。我们通常认为，个体特征的卓越是一个人出类拔萃的根本原因。

这种认知充斥在当下林林总总的名人传记中。无论是百万富翁、成功企业家、娱乐明星，还是社会名流，他们的成功故事总是很类似：出生在普通家庭，依靠天赋和努力，最终走向巅峰。在《圣经》中，先知约瑟因受兄长嫉妒，被卖身为奴，但他依靠自己的智慧不断努力，最终成为埃及法老的左膀右臂。在19世纪著名小说家霍雷肖·阿尔杰①的诸多作品中，主人公无不出身穷困，但依靠勇气和努力最终获得成功。“然而，我认为，这其实并非优势。”杰布·布什（Jeb Bush）在谈到他的家庭背景对他事业的影响时这样说道。他的爷爷是叱咤华尔街的银行家兼参议员，他的父亲和兄长都曾任职美国总统。他在竞选佛罗里达州州长一职时，一再声称自己是“白手起家”的人，他甚至不认为其出身对其事业有利。[1]从这些事情中可以看出，人们通常会不假思索地将个性与成功联系起来，这种认知在传统观念中根深蒂固。

“昂起你们的头！”许多年以前，在美国独立战争的大英雄本杰明·富兰克林雕塑揭幕仪式上，罗伯特·温思罗普②向公众发表演说：“请想象一下，有这样一个人：一开始他一无所有，既没有祖上的荫庇，也没有家族势力的帮助；他没有受过多少教育，从最卑贱、最下

① 霍雷肖·阿尔杰（Horatio Alger）是19世纪末美国著名教育家和小说家，他19岁就毕业于哈佛大学，此后从事过家庭教师和记者等职业，1868年开始从事文学创作。阿尔杰毕生创作了100多部以“奋斗与成功”为主题的小说，塑造了一系列出身寒微，但靠着自身的信念、勇气和进取精神顽强奋斗，终于获得成功的男孩儿形象。其作品影响了好几代美国人，至今畅销不衰。《听差菲尔》《小贩保罗》《穿破衣服的迪克》是阿尔杰的系列作品。其作品是对“美国梦”的生动阐释。——译者注

② 罗伯特·温思罗普（Robert Winthrop），19世纪中期曾任美国众议院议长。——译者注

等的工作开始干起；最终，他依靠自己的双手获得一切，勇敢地站在‘众王’面前。在他身后，他的盛名将永世长存。”

然而，在本书中我想证明，个性并非个人成功的决定因素。成功人士并非白手起家，他们其实是以某种形式获得了家族的荫庇和支持。那些最终变得卓尔不群的人看似完全依靠个人奋斗，其实不然。事实上，他们一直得益于某些隐藏的先天优势，或是非凡的机缘，抑或某一文化的特殊优势——这使他们学得快，干得多，可以以普通人难以企及的方式认知世界。出生的时代与地域对个体的影响巨大。我们所处的文化背景，以及祖先留传下来的东西，在我们无意识的情况下，就已限定了我们获得成功的方式。因此，只关心成功人士是什么样的人远远不够。我们还必须探究他们从哪里来，只有这样才能明白为何某些人取得了成功，其他人则流于平庸。

生物学家讨论有机体时常涉及“生态学”：森林里最高的橡树之所以长得最高，不仅因为有一颗最优质的种子，还因为它在成长过程中没有被其他大树挡住阳光，它生长的土壤深厚肥沃，它在还是幼苗的时候没碰上兔子啃树皮，它长成以后也没被砍伐。人们通常只想到杰出人士是最优质的种子，但很少想到成材还必须有充足的日照，有深厚而肥沃的土壤，有足够的运气躲过兔子和伐木工人。本书的主旨不是讨论个体的树，而是讨论整片森林。冰球队的故事是一个很好的开始，因为一个冰球运动员如何登上金字塔顶的秘密，比我们原先想象的更有趣、更复杂。事实上，冰球队的启示相当诡异。

生于年初

表 1–1 是 2007 年梅迪辛哈特“老虎”队队员名单。仔细看，看你能不能发现特别之处。

你看出来了吗？看不出来也没什么，因为多年以来，冰球界对其中的秘密也一无所知。直到 20 世纪 80 年代中期，加拿大心理学家罗杰·巴恩斯利（Roger Barnsley）才发现其中与年龄相关的现象。

当时，巴恩斯利和妻子葆拉带着两个孩子在加拿大艾伯塔省看比赛。其中一支参赛队伍叫莱斯布里奇“种马”队，该队与“巨人”和“老虎”同属顶级职业青年队。[2] 葆拉正在看赛事介绍手册中的队员花名册，内容类似下面的表格。

“罗杰，”她说道，“你注意到这些球员的出生日期了吗？”

巴恩斯利回答说看到了。“他们大多是 16~20 岁的孩子，所以他们应该都出生在 20 世纪 60 年代末。”

“不，我不是这个意思。”葆拉说道，“我说的是出生月份。”

“我一开始觉得她神经过敏，”巴恩斯利回忆道，“但是，当我再看一遍花名册时，我发现她说的一点儿没错。不知道为什么，职业青年队绝大多数球员的生日集中在 1 月、2 月和 3 月，这实在有点儿不可思议。”

球赛结束当晚回到家后，巴恩斯利尽可能多地搜集了职业冰球选手的信息，结果他发现球员生日集中在 1~3 月的现象十分普遍。于是，巴恩斯利夫妇和巴恩斯利的同事 A. H. 汤普森一起搜集了安大略青年联盟所有冰球球员的信息，情况也一样。生于 1 月的球员远多于生于

表 1–1　2007 年梅迪辛哈特“老虎”队队员名单

球员号码	姓名	场上位置	左 / 右（惯用手）	身高（厘米）	体重（千克）	出生日期	出生地
9	布伦南 · 博施	中锋	右	174	78	1988–02–14	萨斯喀彻温省马腾斯维尔市
11	斯科特 · 沃斯登	中锋	右	185	85	1988–01–04	不列颠哥伦比亚省西岸市
12	科尔顿 · 格兰特	左边锋	左	175	80	1989–03–20	艾伯塔省斯坦达德市
14	达伦 · 赫尔姆	左边锋	左	183	83	1987–01–21	马尼托巴省圣安德鲁斯市
15	德里克 · 多塞特	右边锋	左	180	81	1986–12–20	萨斯喀彻温省金德斯利市
16	戴纳 · 托德	中锋	右	177	78	1987–01–10	艾伯塔省红鹿市
17	泰勒 · 斯维斯腾	右边锋	右	180	84	1988–01–15	艾伯塔省科克伦市
19	马特 · 劳里	中锋	右	183	84	1988–03–02	马尼托巴省尼帕瓦市
20	凯文 · 安德萨特	左边锋	左	183	81	1987–04–12	艾伯塔省梅迪辛哈特市
21	杰瑞德 · 绍尔	右边锋	右	177	89	1987–09–12	艾伯塔省梅迪辛哈特市
22	泰勒 · 恩尼斯	中锋	左	175	73	1989–10–06	艾伯塔省埃德蒙顿市
23	乔丹 · 希克莫特	中锋	右	183	83	1990–04–11	不列颠哥伦比亚省米申市
25	雅各布 · 伦佩尔	右边锋	右	174	75	1987–01–27	斯洛伐克哈恩斯诺维奇
28	布雷顿 · 卡梅伦	中锋	右	180	76	1989–01–26	艾伯塔省迪兹伯里市
36	克里斯 · 史蒂文斯	左边锋	左	177	89	1986–08–20	不列颠哥伦比亚省道森克里克市
3	戈德 · 鲍德温	后卫	左	195	93	1987–03–01	马尼托巴省温尼伯市
4	大卫 · 肖勒马克	后卫	左	185	88	1987–05–07	艾伯塔省埃德蒙顿市

（续表）

球员号码	姓名	场上位置	左 / 右（惯用手）	身高（厘米）	体重（千克）	出生日期	出生地
5	柴佛 · 格拉斯	后卫	左	183	86	1988–01–22	艾伯塔省科克伦市
10	克里斯 · 拉塞尔	后卫	左	177	80	1987–05–02	艾伯塔省加罗林市
18	米克尔 · 索尔	后卫	右	190	93	1987–08–07	美国明尼苏达州萨特尔市
24	马克 · 伊舍伍德	后卫	右	183	83	1989–01–31	不列颠哥伦比亚省阿伯茨福德市
27	谢恩 · 布朗	后卫	左	185	90	1989–02–20	艾伯塔省石原市
29	乔丹 · 邦德法德	后卫	右	190	104	1988–02–09	艾伯塔省勒杜克市
31	瑞安 · 霍法德	守门员	左	180	75	1989–06–29	萨斯喀彻温省勒罗伊市
33	马特 · 科特赖	守门员	右	188	86	1986–04–27	艾伯塔省梅迪辛哈特市

其他月份的球员。排在第二位的月份是哪月？ 2月。第三位的呢？ 3月。巴恩斯利发现，在安大略青年联盟，1月出生的球员数量是11月出生的球员数量的5.5倍。他又开始调查11岁全明星队和13岁全明星队（这些球员将是巡回赛的中坚力量），情况也相同。他转而调查加拿大的国家冰球联盟，情况依然如此。随着搜集的资料越来越多，巴恩斯利相信，这种现象绝非偶然，这背后一定存在某种非人为控制的规律。这种规律——40%的球员出生在1月到3月，30%的球员出生在4月到6月，20%出生在7月到9月，最后的10%出生在10月到12月——体现在每位精英球员的身上，这一规律最终决定了加拿大顶级冰球队的队员构成。

“在我的心理学研究生涯中，我还从未见过如此显而易见的现象。”巴恩斯利说，“你甚至不用做统计分析，只用眼睛看就能发现。”

请往回翻，看一下“老虎”队的花名册。25个球员中有17个生于1月到3月，或者4月。

以下我将用生日代替人名，现场直播一下“纪念杯”冰球赛的实况。这听起来就不太像职业冰球比赛了，而是像摩羯座、水瓶座和双鱼座的青年进行的某种神奇的体育活动：

> “3月11日”现在来到了“老虎”队外围，他突然将球传给队友“1月4日”，“1月4日”又将球传给“1月22日”。“1月22日”将球回传给“3月12日”。“3月12日”来到“老虎”队的空当——射门！“老虎”的守门员“4月27日”将球挡了出去。但球弹到对手“3月6日”的身上，“3月6日”再次射门！梅迪

辛哈特的两名防守球员“1月9日”和“2月14日”转身回防，但是“1月10日”看到大势已去，只好失望地放弃。“3月6日”得分！

下面是比赛第二局：

梅迪辛哈特“老虎”队开始反攻。现在“老虎”得分手“1月21日”控球，他直冲右边路。遭到“巨人”的防守队员“2月15日”的阻拦。他绕了个圈，稍做停顿。“1月21日”突然传球给“12月20日”——啊，让我看看发生了什么？！“12月20日”突然加速摆脱了“5月17日”的追赶，顺势将球回传给“1月21日”。“1月21日”接球，射门！“巨人”的防守队员“3月12日”全力阻挡，守门员“3月19日”奋力扑球，可惜为时已晚。“1月21日”得分！他骄傲地举臂欢呼，队友“5月2日”激动得跳上了他的后背。

优势积累

其实，原因很简单。这不是星座的守护神在发挥作用，也不是一年的头3个月有什么特殊魔力。真正的原因是，加拿大冰球队按年龄分组所依据的分界线是1月1日，即从1月1日到当年12月31日之间出生的球员将会被分在同一组。也就是说，一个1月1日出生的选手，是在跟许多年纪比其小的队友争夺晋级权——在青春期到来之前，由于有将近 12 个月的年龄差距，球员在生理成熟度上将会表现出巨大的差异。[3]

加拿大是世界上对冰球运动最狂热的国家，教练们甚至会从 9 岁到 10 岁的孩子中挑选选手组成“巡回赛小组”，组成全明星阵容。队伍中的选手被认为在体能和肌肉协调性方面具有天赋；而这些选手之所以占尽优势，是由于他们比别的队友年长几个月，身体发育得更为成熟。

一旦一名小选手被选入“巡回赛小组”，他会接受什么样的训练呢？和我们想的一样，他将拥有更好的教练，更出色的队友，每赛季将有机会打 50~75 场比赛。他们比那些在筛选中被淘汰，只能进入“基本组”，每赛季仅打 20 场比赛的队员多一倍到两倍，甚至更多倍比赛经验。打巡回赛的队员还会进行额外训练。一开始，这名小球员只不过是年龄稍大一点儿，优势并不明显。但当他们到了十三四岁时，优秀教练的辅导和大量高强度训练的好处就开始显现出来了，这名小球员因而就真的“变”得更好了。这样的球员更容易进入职业青年队，从而在冰球运动上有更大的发展空间。①

巴恩斯利指出，这种年龄的偏斜分布主要是以下 3 种制度共同作

① 加拿大冰球运动遴选队员的方式，也很好地证明了社会学家罗伯特·莫顿（Robert Merton）的“自证预言”（self-fulfilling prophecy）理论[4]：事情从一个错误的假设开始……然而，基于此而采取的行动却导致最先错误的假设最终成真。加拿大挑选 9 岁至 10 岁冰球运动员时的标准是错误的，他们只不过是选了一些年龄稍大的孩子。但是经过全明星队的严格训练，那些经由错误假设挑选出来的队员真的变得很优秀。用莫顿的话说就是：“自证预言的效用使错误的假设成真，神秘主义者会引用这些案例来说明自己从一开始就言中了结果。”

用的结果：筛选、分组和区别训练。加拿大人在球员年纪尚小时就开始对他们进行筛选，进而优胜劣汰，将“天才”和“非天才”分组，给予“天才组”队员强化训练。最终，在以上3种机制的共同作用下，生日靠近“年龄分组日”的球员获得了巨大优势。

在美国，橄榄球队和篮球队挑选球员的机制倒没有导致如此夸张的结果，[5]体能稍差的孩子依然能得到机会均等的强化训练。①但美国的棒球队选拔队员的情况倒是和加拿大冰球队一样。美国所有的非学生组棒球队年龄分组日是7月31日，因此，在美国顶级棒球队中，出生于8月的队员远多于其他月份出生的队员（差别十分明显：在2005年美国职业棒球大联盟的参赛队员中，出生在8月的球员有505人，出生在7月的球员为313人）。

欧洲足球球员选拔模式跟加拿大冰球队和美国棒球队的选拔模式非常相似——出生日期导致分化的现象十分明显。[6]在英国，足球联盟的年龄分组日是9月1日，因而，在20世纪90年代出生的球员中，有288人出生在9月到10月，只有136人出生在6月到8月。国际足联曾以8月1日作为年龄分组日，因此，在最近一次世界青年锦标赛中，参赛队员中有135名出生在8月之后的3个月，只有22人出生在5月、6月和7月。如今，世界青年锦标赛的分组日是1月1日。[7]请看表1–2这份2007年捷克国家青年队的花名册。这支队伍最终打进了世界杯青年锦标赛决赛。

---

① 体能稍差的孩子也能获得和体能优越的孩子相同的训练强度的原因是美国有足够多的篮球场，也有大量球迷爱打球。在这一点上，冰球运动没法与之相比，因为打冰球有场地要求，而篮球的门槛则低得多。

表 1–2　2007 年捷克国家青年队花名册

序号	球员姓名	出生日期	场上位置
1	马塞尔 · 杰科夫	1988–01–01	中前卫
2	卢德克 · 弗里德里希	1987–01–03	守门员
3	彼得 · 扬达	1987–01–05	中前卫
4	雅各布 · 多纳里克	1988–01–12	后卫
5	雅各布 · 毛赖什	1987–01–26	中前卫
6	米哈尔 · 黑尔德	1987–01–27	后卫
7	马雷克 · 斯特雷斯蒂克	1987–02–01	边锋
8	伊里 · 瓦伦塔	1988–02–14	中前卫
9	扬 · 希穆内克	1987–02–20	后卫
10	托马斯 · 奥克莱斯特克	1987–02–21	中前卫
11	卢博斯 · 卡兰达	1987–02–21	中前卫
12	拉德克 · 彼得	1987–02–24	守门员
13	翁德雷 · 马祖赫	1989–03–15	后卫
14	翁德雷 · 库德拉	1987–03–26	中前卫
15	马雷克 · 苏希	1988–03–29	后卫
16	马丁 · 费宁	1987–04–16	边锋
17	托马斯 · 皮考特	1989–05–26	边锋
18	卢卡斯 · 库班	1987–06–22	后卫
19	托马斯 · 西拉	1987–06–24	后卫
20	托马斯 · 弗雷斯塔克	1987–08–18	守门员
21	托马斯 · 米科拉	1988–09–26	中前卫

在国家队预选赛上，捷克的教练一定是对选手们这样说的："凡是仲夏出生的球员都不用踢了，你们已经被淘汰，可以卷铺盖回家了。"

足球和冰球运动在选拔球员时存在的不公正现象，只涉及参与这些运动的少数人。但实际上，这种不公正现象广泛存在于很多领域，而且通常影响深远，如学校教育领域。就出生在年末的孩子来说，一些家长就认为应该晚一点送孩子去幼儿园，因为他们觉得，让年仅 5 岁的孩子与比自己大好几个月的其他小朋友竞争，不是一件容易的事。但也有可能更多家长会想，无论孩子在幼儿园有着怎样的劣势，这些劣势都会随着孩子的年龄增长而很快消失。但是，事实并非如此。正如冰球队员的成长经历一样，因年龄大几个月而显现的微弱优势会在孩子的成长过程中不断积累，最终引导孩子走向成功或不成功，自信或不自信的轨道中，其影响会延续许多年。

最近，有两位经济学家——凯利·贝达德（Kelly Bedard）和伊丽莎白·杜伊（Elizabeth Dhuey）——开始研究学生的出生日期与 TIMSS 考试（针对全球学生的数学与科学学科测试，每4年举行一次）成绩之间的关系。[8] 他们发现，在四年级学生中，年龄大几个月的学生的成绩比年龄较小的学生的成绩高 4%~12%。用研究者杜伊的话来形容就是"影响非常大"。举例来说，如果让两个出生在一年的头尾，智力相当的四年级学生坐在一起考试，年龄较大的孩子的平均得分为 80 分，而年龄较小的平均得分只有 68 分。这种并非能力造成的差距最终却决定了谁能够参加"天才组"竞赛，谁又将被淘汰。

"这其实很像体育运动。"杜伊说，"人们通常在幼儿期就按能力被分组，比如分出高级阅读班或者高级数学班。而幼儿园或者小学一年级的老师并不会仔细区分孩子们的差异是由能力造成的，还是由生理差别造成的。他们通常将年龄大一点儿的孩子划为优等生，这些孩子在优等生的群体里能学到更多的技能，过了一年他们还是会表现得更出色，还是会在优等生的班里，再过一年还是如此。在这一过程中，孩子也的确能把事情做得越来越好。在我们调查的国家中，只有丹麦不采取这种方式。丹麦的教育政策明确规定，必须等到学生满 10 岁以后才能将他们按能力分组。”丹麦人希望等到年龄的生理差异淡化后再区分学生的能力高低。

杜伊和贝达德随后又对在校大学生进行了调查。他们这次发现，在美国四年制的顶级大学——这里拥有美国最佳的高等教育水平——的同年级学生中，相对来说，年纪最小的那部分学生所占比例还不到 11.6%。早年因为生理发育差异而产生的劣势并没有随时间推移而被削弱，恰恰相反，劣势被加固了。对于成千上万的学生来说，最初小小的不足竟演变成他们日后能否上大学——尤其是日后能否成为中产阶层——的分水岭。①

“我觉得现在的情况很荒谬。”杜伊说，“这实在是荒诞不经。我们随意选取的‘分组日期’竟然能造成如此长久而深远的影响，而人们对此竟然毫不知情，也毫不关心。”

---

① 其实，很多社会现象都和年龄差异相关。举个例子，巴恩斯利和他的两个同事在另一项研究中发现，有自杀倾向的学生大多生于学年的后半年。他们对这一现象的解释是，较差的学习成绩会让学生备感沮丧。不过，学生的自杀倾向与年龄的关联，不像成功运动员与年龄的关联那样明显。

我们要做怎样的改变

现在请读者回顾一下，我列举的冰球队例子中出生日期与成功究竟有何关系。

人们平日里认为，真正的天才不需要费什么力气就能把该做的事情做到最好。这样的说法其实是把问题简单化了。不错，能进入顶级球队的球员肯定比你我都更具备运动天赋。但是，那是因为他们起跑的时间比别人早得多，而这种领先优势，既不是他们理应得到的，也不是他们因为努力才得到的。然而最终，正是这种领先优势造就了天才们辉煌的成就。

社会学家罗伯特·莫顿援引《新约·马太福音》，把这种现象叫作“马太效应”。“凡是有的，还要加给他，叫他有余；没有的，连他所有的，也要夺过来。”成功者，换句话说，就是获得这些特殊机遇的人，他们因此最终取得了更大的进步；富有者因享受更多的减税优惠从而变得更富有；成绩优异的学生因获得了更优秀的老师的指导、更多的关注，从而取得了更好的成绩；冰球队 9 岁至 10 岁的孩子中年纪稍大者获得了更多的指导和训练，从而变得更优秀。在社会学领域，所谓的成功就是“优势积累”的结果。职业冰球球员一开始只比最初所在球队的队友好一点点，然而这微小的优势带来的机遇，扩大了他和他的那些队友之间的差距，随后差距与机会交替发挥作用，微小的差距被越拉越大，最终被选中的球员成为真正出众的“天才”。由此可以看出，“天才”并非一开始就表现出众——一开始他 / 她只是比别人优秀那么一点点。

我们从冰球队例子中获得的另一个启示是，现行的人才选拔制度并非尽善尽美。我们认为只要越早进行全明星选拔，越早进行超常组考试，就越能避免天才流失。但请回顾一下前面所述的捷克国家队的队员构成，名单里竟然没有一个球员生于7月、10月、11月和12月，生于8月和9月的也只各有一个。一年中后半段出生的所有人都被劝退、被忽略，或被排除在球场之外了。所以，起码一半的有天分的捷克运动员就这样被埋没了。

假如你生于一年中的后半段，恰巧又要在捷克体育圈发展，面对暗淡的未来，你该怎么办？你不能去踢足球，足球对像你这样的人设了高高的门槛。不过我倒有一条妙计供你参考，我建议你去参加捷克的另一支世界级水平的运动项目——冰球。但是，且慢（你大概已经猜到我要给你看什么了），请看看下面这份2007年捷克青年冰球队花名册，当年他们获得了世锦赛的第5名（见表1–3）。

表1–3　2007年捷克青年冰球队花名册

序号	球员姓名	出生日期	场上位置
1	达维德·凯文顿	1988–01–03	前锋
2	伊里·苏希	1988–01–03	后卫
3	米海尔·科拉基	1987–01–12	后卫
4	雅各布·沃伊塔	1987–02–08	后卫
5	雅各布·金德尔	1987–02–10	后卫
6	米海尔·弗洛里克	1989–02–17	前锋
7	马丁·汉扎尔	1987–02–20	前锋
8	托马斯·斯沃博达	1987–02–24	前锋
9	雅各布·塞尔尼	1987–03–05	前锋

（续表）

序号	球员姓名	出生日期	场上位置
10	托马斯·库代尔卡	1987–03–10	后卫
11	雅罗斯拉夫·巴顿	1987–03–26	后卫
12	H.O. 波兹维尔	1987–04–22	后卫
13	丹尼尔·雷科斯	1987–05–25	前锋
14	达维德·库切季达	1987–06–12	前锋
15	弗拉迪米尔·索博特卡	1987–07–02	前锋
16	雅各布·科沃	1988–07–19	守门员
17	卢卡斯·万图赫	1987–07–20	前锋
18	雅各布·沃伦奇克	1989–08–15	前锋
19	托马斯·玻斯比斯尔	1987–08–25	前锋
20	翁德雷·帕韦莱茨	1987–08–31	守门员
21	托马斯·卡纳	1987–11–29	前锋
22	米哈尔·雷彼克	1988–12–31	前锋

这样看来，生于一年中最后一个季度的人估计连冰球也要放弃了。

至此，你有没有认识到我们选拔人才的方式与个人成才之间的紧密关系？由于我们过于相信成功是个人的事情，所以我们丧失了许多造就天才的机会，很多制度甚至过早地将一部分人划入了失败者的行列，阻碍了这些人成才。我们对天才顶礼膜拜，对失败者却漠不关心，我们忽视了社会机制对个人成才的巨大影响，这些都使我们变得越来越被动。这里的“我们”指的就是社会。

如果我们愿意做出改变，我们就能消除“分组日”带来的偏差。我们可以按照出生月份来举办两个，甚至三个冰球联赛，让球员在各自组别内发展，最后再进行全明星队的选拔。如果出生于年末的捷克和加拿大运动员都能获得平等的机会，那么可以想象，这两个国家从此就有两倍的后备队员可供选择了。

学校教育体制也可以进行类似改革。小学和中学可以将 1 月到 4 月出生的孩子分在一个班，5 月到 8 月出生的分在一个班，9 月到 12 月出生的分在一个班。让处在同一发育水平的孩子们同班学习，在同一起跑线上竞争。这会增加一些管理工作，但实际上并不需要额外增加资金成本。这种做法的好处是，可以为那些承担现有教育体制缺陷（并非他们自己造成）的孩子铺平未来发展的道路。这样一来，我们的社会将更好地驾驭人才培养机制——这绝不仅限于体育领域，实际上你已经看到了，在影响更为深远的教育领域也是如此。然而，人们却并未这么做。这是为什么呢？因为人们始终信奉的是，成功只是个人作为的结果，它和我们成长的环境，和我们所处的社会机制毫无关系。

离绝对老大只差 3 天

在“纪念杯”决赛前，梅迪辛哈特“老虎”队亲友团的戈德·沃斯登（Gord Wasden）站在赛场边与自己的儿子斯科特说话。斯科特头戴棒球帽，身着黑色队服 T 恤。“在他四五岁的时候，”老沃斯登说，“他的弟弟那时还在学走路，他们俩就整天拿着冰球棍在厨房玩。斯科特对此总是热情高涨。他还在小联盟职业队的时候就开始打巡回赛了，他总在水平最高的 3A 球队打冰球。虽然他初出茅庐，但他在球场上能征善战，所以在巡回赛中总能进入最好的队伍打比赛。”很明显，老沃斯登对儿子的光明前途极具信心：“他为这一切拼命训练，我的儿子是最棒的！”

热情、天分和勤奋都是实现最高成就的关键因素，但另外还有别的因素——看看老沃斯登是从什么时候开始感觉儿子有打冰球的天分的：“知道嘛，他总是同龄孩子中最大的一个。他的身体更强壮，小小年纪便掌握了得分技巧。他总是他那个年龄组中最出众的，所以他一直担任队长……”

同龄孩子中最大的？当然，他是同龄球员中年龄最大的：斯科特·沃斯登出生在1月4日，只差3天他就是同龄队员中绝对的老大了。他的确是一个幸运的人。假如加拿大冰球队年龄分组日不是在年初而是在年末，他大概就只能坐在观众席看比赛，而不是像现在这样驰骋冰球场，铸就辉煌的冰球人生了。

2

10 000 小时定律：生于 1955 年的乔布斯和比尔·盖茨

没有与生俱来的天才。

天才创始人

1971 年，密歇根大学安娜堡分校的新计算机中心成立了。[1] 该中心坐落在贝尔大街，它是一座全新建筑，有着米黄色的砖砌成的墙体，临街的一侧嵌着茶色玻璃窗。当时，大学里的那些巨大的电脑主机被集中放置在一个白色房间中，计算机中心的一位工作人员回忆道："那个房间看上去有点儿像《2001 太空漫游》最后一幕中的建筑。"在房间的一隅放置着几十台键控打孔机——这是那个年代电脑终端的必备硬件。在 1971 年，这些仪器代表着世界最尖端的科技水平。密歇根大学的计算机系世界闻名，在这里学习过计算机的学生都曾频繁出入那间白色的主机房。当年，在这些学生中有一个 10 多岁的、呆头呆脑的男孩儿，他就是后来享誉全球的计算机科学家比尔·乔伊①。

乔伊就读密歇根大学的时候正值新计算机中心成立之时，那年他

① 威廉·纳尔逊·乔伊（William Nelson Joy），又称比尔·乔伊（Bill Joy），美国计算机科学家，Sun 公司（Sun Microsystems）创始人。——译者注

16 岁，又高又瘦，顶着一头乱糟糟的头发。乔伊高中毕业于底特律北法明顿中学，同学们认为他是书呆子，所以送他一个雅称："最用功的学生"——意思是他从不跟女生约会。刚进大学的时候，乔伊曾梦想将来成为一名生物学家或是数学家；但是，就在他大一那一学年快要结束的时候，他无意中发现了这座计算机中心——就在那个时候，他迷上了计算机。

从那时起，计算机中心就成为乔伊生活的全部。他利用一切可能利用的时间学习编程，即便是暑假期间，他也在一位计算机教授那里找到了一个兼职的机会——这样他整个暑假就都能编程了。1975 年，乔伊考入加州大学伯克利分校研究生院。在这里，他更是痴迷于计算机软件编程不能自拔。博士入学面试的时候，他在匆忙之中准备了一份结构复杂的演讲，当时的情形正如他的一位崇拜者后来所写的："那些面试官完全被如此精彩的演讲震撼了。一位考官后来这样回忆说：'简直就是基督舌战长老。'"

后来，乔伊加入了改造 UNIX 系统的项目团队。UNIX 系统原是由美国电话电报公司（AT&T）首创的，用于大型电脑主机的软件系统。经由乔伊团队改编的这个版本非常优秀，目前全世界正在运行的数以百万计的服务器系统软件，依然是他们的那个 UNIX 版本。"当你的苹果电脑处于这个有趣的模式时，你依然能看到这些代码。"乔伊说，"那都是我 25 年前编写的，至今也没什么变化。"还有，如果你好奇当初是谁编写了那么多软件，从而使现今网上冲浪成为时代潮流，我现在可以告诉你，这个人也是比尔·乔伊。

从伯克利分校毕业以后，乔伊与人合伙在硅谷创立了 Sun 公司

（太阳微系统公司）。Sun 公司是我们这个时代电脑科技变革的主要推手之一。公司成立后，乔伊着手重写另一种计算机语言——Java，这种语言使他的事业更加如日中天。在硅谷圈内，乔伊享有和微软的比尔·盖茨同等重要的地位，同行视他为“互联网领域的爱迪生”。耶鲁大学计算机科学家戴维·杰勒恩特说：“比尔·乔伊是对现代计算机历史影响最为深远的人之一。”

类似比尔·乔伊这样的天才的故事我们已经听到过许多次了，内容其实都差不多。计算机行业是一个以纯知识精英为主导的行业。计算机编程的世界不存在传统的校友关系网，你并不能依靠金钱或者人际关系取得领先地位。计算机行业是一个充分开放的新兴行业，人们只根据成就和天分评价从事计算机行业的人；这里的成功人士都是最棒的，而乔伊无疑正是这些最优秀的人中的一个。

如果没有前文谈到的冰球队和足球队的例子，我们很容易接受以上这种对成功的解释：他们的成功都是个人努力的结果。但事实并非如此。除了能力，机遇和其他完全随机的优势也在帮助特定领域的“异类”走向成功之巅。

有没有可能在这里也找到与前文提到的特殊机遇相似的运作模式呢？让我们回到比尔·乔伊的故事中仔细找找看。

10 000 小时有多久？

在将近一代人的时间里，心理学界都在不断争论一个大概很多普通人以为早已被解决的问题：到底是否存在与生俱来的天赋。很显然，答案是肯定的。并不是每一个生于 1 月的球员最后都能进入职业球队，只有少数人能做到——少数生来就有天赋的人。可以说，成功是天赋加上后天的努力。但问题是，随着研究的深入，心理学家们发现，天赋的作用其实很小，而后天努力的作用其实很大。

天才论中最著名的案例出现在 20 世纪 90 年代：心理学家 K. 安德斯 · 埃里克森（K. Anders Ericsson）和他的两名同事在顶尖水平的柏林音乐学院展开的一项研究。[2] 在该学院一些教授的配合下，他们将小提琴专业的学生分为 3 组。第 1 组由最优秀的明星学生组成，他们个个都有成为世界级独奏家的潜质；第 2 组则由那些仅被认为不错的学生组成；第 3 组由那些将来不太可能成为职业演奏家，只可能在公立学校当音乐教师的学生组成。这 3 组学生都被问及同一个问题：从首次接触小提琴至今，你练琴一共练了多少小时？

3 组学生都是在大约 5 岁那年第一次接触小提琴的。在最初的几年中，所有学生的练琴时间都大致相当——每周两三个小时。但当他们到了 8 岁时，不同组别的学生的练琴时间就开始产生差别了。第 1 组学生的练习时间开始明显多于其他两组：9 岁时每周的练琴时间为 6 小时，12 岁时每周 8 小时，14 岁时每周 16 小时。这样一来，随着年龄的增长，他们的练琴时间不断增加，到了 20 岁上下（这个年纪的学生已经很自觉了，能够为了变得更加优秀而主动练习），他们每周的练琴时间是 30 小时。实际上，到了 20 岁，这些卓越的演奏者在练琴上已经投入了 10 000 小时了。作为对照，第 2 组学生到 20 岁时的练琴时间累计为 8 000 小时，而“未来的音乐教师们”的练琴时间累计只有 4 000 小时多一点儿。

埃里克森带领团队又着手研究业余组与职业组的区别，相同的情况出现了。业余组中的人在儿童时期每周的练琴时间从未超过 3 小时，到了 20 岁，练琴时间累计只有 2 000 小时；而职业组的练习时间随着年龄的增长而增加，到了 20 岁，那些未来的演奏大师的练琴时间已经超过 10 000 小时。

埃里克森的研究中最引人注目的结论是：第一，根本没有“与生俱来的天才”——花比别人少的时间就能达到比别人高的成就；第二，也不存在“劳苦命”——一个人的努力程度比别人高却无法比别人更优秀。研究结果表明，一旦一位演奏者进入顶级音乐学校，唯一能使他出人头地的方法就是：刻苦练习。成功的要素在这个阶段变得简单明了。还有一点是，那些顶级演奏家，他们练琴不只是比其他人更加努力，而是比其他人努力十倍，甚至百倍。

一个人在学习的过程中，要完美掌握某项复杂技能，就要一遍又一遍地艰苦练习，而练习的时长必须达到一个最小临界量。事实上，研究者就练习时长给出了一个神奇的临界量：10 000 小时。[3]

“研究发现，任何一个领域的世界级水平都需要起码 10 000 小时的训练。”神经学专家丹尼尔·列维京（Daniel Levitin）写道，“随着研究的不断深入，作曲家、篮球运动员、作家、滑冰运动员、钢琴家、棋手，甚至江洋大盗，无论你是什么，10 000 小时这个神奇的数字都会一而再，再而三地出现。当然，这并不能解释为什么有些人能从等量的训练中获得更好的效果。但可以肯定的是，目前还未发现任何一位世界级的专家在其专业领域中的训练时长少于这个数字。人的大脑好像必须花费那么长的时间消化理解，才能达到极其精通的水平。”

这一准则甚至适用于人们通常所说的“奇才”，比如莫扎特这位6岁就开始作曲的音乐神童。心理学家迈克尔·豪（Michael Howe）在他的著作《解读天才》（*Genius Explained*）中写道[4]：

> 莫扎特在真正成为职业作曲家之前，他早期的作品并不出色。他的那些作品很可能大多出自他父亲之手，只是后来得到不断修改罢了。莫扎特童年时期的多数作品，如7首钢琴与管弦乐协奏曲，大部分是在其他作曲家的帮助下完成的。完全出自莫扎特之手，并被奉为他的第一部经典作品的，是第九号钢琴协奏曲（No.9, K.271），然而，这部作品是他在21岁时创作的。那时候莫扎特作曲已有10个年头了。

而音乐批评家哈罗德·C.勋伯格（Harold C. Schonberg）在谈到莫扎特时有更为深刻的见解，他认为莫扎特实际上是“大器晚成”，因为他经历了整整20年的作曲生涯，才创作出了最伟大的作品。[5]

成为国际象棋大师也需要大约10年的时间（国际象棋大师鲍比·菲舍尔问鼎冠军宝座用的时间稍微少一些：他花了9年时间）。[6] 10年意味着什么？这意味着一个人大约可以投入10 000小时对某一特定项目进行长期刻苦的训练。10 000小时是取得伟大成就的神奇数字。

现在我们可以运用这一理论解释捷克和加拿大国家队“年龄分组日”现象了。之前，你可能没有真正理解为什么花名册上没有一个队员生于9月1日以后。你本以为，肯定有为数不少的运动天才出生于下半年，他们凭着自己的天赋最终也可以进入顶级队伍，不论他们生于一年中的哪一天。

但是，对于埃里克森这些反对将天赋放在成功因素首位的人来说，这一现象一点儿都不奇怪。出生日期相对比同龄人晚的天才们在8岁的时候没有被选入全明星队，原因是他们太小了，因此他们得不到强化训练。得不到强化训练，他们就很难达到10 000小时的训练时间，从而无法在职业青年队选拔的时候入围。没有10 000小时的训练作为基础，他们根本不能掌握进入顶级球队所需的足够技能。即便是莫扎特——史上最伟大的音乐家，如果没有10 000小时的训练也无法实现事业上的腾飞。练习并不是为了让你一次就能把事情做好，而是为了帮助你越做越好。

此外，10 000小时的确是一大段时间，人们在很年轻的时候的确很难依靠自己完成如此大量的时间投入。你需要获得父母的鼓励与支持。你不能太贫穷，因为如果你必须依靠兼职维持生计的话，你根本没法在日常生活中获得足够的时间进行练习。事实上，人们要想获得如此大量的练习时间，就必须依靠参加某些特定形式的训练课程（比如冰球队中的全明星队），或者获得某些特定机遇得以进行训练。

安娜堡计算机中心的日日夜夜

现在让我们回到比尔·乔伊的故事。1971年，16岁的乔伊还是一个个头很高的懵懂少年。他的数学特别好，他应该是麻省理工学院、加州理工学院或滑铁卢大学高才生的苗子。“当比尔还是小孩子的时候，他就在无意识的情况下开始对许多事情的来龙去脉感兴趣了。”比尔的父亲威廉说，“我们能回答的就回答他，回答不了的，就给他书让他自己查。”到参加美国大学本科标准入学考试（SAT）的时候，比尔在数学测试中拿了满分。“那些考试并不特别难。”比尔坦率地说，“考试中我总能剩下时间检查两遍。”

他的确才高八斗，但只有这一点肯定不够。他的长足进步始于他偶然在贝尔大街发现的形状奇特的计算机中心大楼。

比尔学习计算机编程的时候是20世纪70年代初，当时电脑的尺寸跟房间大小相当。一台电脑（其运算能力和内存容量可能还不敌现在的一台微波炉）动辄上百万美元——这还是20世纪70年代的美元价值水平。电脑那时在全世界范围内都非常罕见，即便你能找到一台，你也必须想办法获得使用权，如此，你就得花高价租用电脑的使用时段。

而且，那个时候计算机编程本身是一件非常枯燥的事情。早期计算机编程必须使用键盘打孔机。程序代码必须用打孔机打在打孔卡上。一个复杂一点儿的程序可能需要几百乃至上千张卡，每张卡上面都密密麻麻地排满了孔。程序员编好程序后就带着打好的卡来到机房，交给电脑操作员。那个时候电脑只能单线程运行，操作员会给你排个号，而你要等多长时间取决于前边有多少程序员在排队，通常等代码运行结果需要几个小时，有时候甚至要一整天的时间。其间，你的程序如果有一点儿错误——哪怕是排版错误，你都必须拿回那些打孔卡，找到错误，然后重新走一遍流程。

在这种环境下，任何人想成为程序专家都很困难，对20岁出头的年轻人来说更是难上加难。如果你在机房待一个小时，而实际上只能用其中的几分钟时间来“编程”，那要怎样才能做足10 000小时的训练呢？“在打孔卡上编程，训练的并不是你的编程能力，”一位早年的计算机专家总结说，“而是你的校对能力和耐性。”

到20世纪60年代中期，人们找到了提高计算机效率的解决方案。此时电脑性能已经大大提高了，能够同时接受多个任务指令；专家们优化了操作程序，主机可以同时处理上百个终端任务，人们实现了计算机分时共享。这就意味着程序员们不用再跑到机房把打孔卡交给操作员，只需要构建数十个终端就可以了；所有终端都会通过电话线与机房主机相连，程序员们实现了联机协同工作。[7]

以下是历史文献中对电脑实现分时系统意义的总结：

> 这不仅仅是一项变革，这简直就是电脑新时代的开端。不用操作员，不用卡片，不用等待。电脑主机共享意味着，你可以坐在自己的电传打字机前键入命令，并且马上就能看到结果。主机共享又是交互式的：主机会要求程序员做出响应，等待其输入指令，并在其休息的时候继续工作，一直到算出最终结果为止。所有这些都是“实时”操作的。

密歇根大学是世界上第一批实现电脑分时系统的高等学府。1967年，使用了分时系统的原型机上线运行。到了20世纪70年代早期，密歇根大学计算机系已经实现100人同时在线工作。“在20世纪 60 年代末和 70 年代初期，没有几个地方的计算机水平能与密歇根大学相比。”密歇根大学计算机系创始人之一迈克 · 亚历山大（Mike Alexander）说，“麻省理工学院、卡内基 · 梅隆大学或者达特茅斯学院可能能与它相提并论，除此以外，我想不出别的地方了。”

这对于 1971 年进入密歇根大学安娜堡分校的比尔 · 乔伊是一个千载难逢的机遇。他并不是因为想学计算机才进入密歇根大学的，他高中时代从未接触过电脑，只对数学和工程学感兴趣。但当他大学一年级第一次接触电脑并爱上编程以后，他惊喜地发现，自己竟然幸运地置身于世界上仅有的几个只要想编程就有电脑可供使用的大学之中。

“你知道用打孔卡编程和分时编程的差别有多大吗？”乔伊说，“它们的区别就好像通过写信来下象棋和即时下棋的区别。”编程不再使人备受挫折，编程变成了一种享受。

“我住在学校北区，计算机中心也在北区。”乔伊继续说道，“我在那里度过了多长时间？啊，那简直无法计算。计算机中心 24 小时开放。我经常会通宵留在那里，清晨才回宿舍。那些年，我花在计算机中心的时间要比花在课堂上的时间多。我经常在于计算机中心上机的时候，突然意识到自己忘了上课。当然，我忘了还要续时登记的时候比这更多。”

“那时候，学校会发给每个学生一个使用账号，你要上机就得充钱，所以你的上机时间是有限的。一旦你进入机房，你就得盘算好你运行程序需要多长时间。他们一般会给你一小时，这一小时就是你的全部上机时间了。不过，还是有同学发现了窍门——如果在‘上机时间’栏里填进等长度的错别字，他们就没法限制你的上机时间了。”

他笑着回忆道，“这是程序上的一个漏洞。这样一来，只要你填个错别字，你就能一直待在机房上机了。”

现在，让我们理一理比尔·乔伊的机遇链吧。他有幸考入作为计算机学科领跑者的密歇根大学；有幸第一批使用分时系统，而不是键盘打孔机；又恰巧密歇根大学的机房管理系统有漏洞，他得以想学多长时间就学多长时间；因为计算机中心 24 小时开放，他又得以夜以继日地学习；他获得了充分的时间练习编程，所以当改造 UNIX 系统项目开始的时候，他顺理成章地进入了项目组。比尔·乔伊的确聪明绝顶，他也热爱学习，这是他成功的一大因素。但是，在他成为专家以前，他首先依靠运气获得了成为专家的机会。

“在密歇根大学的时候，我每天编程 8~10 小时。”他继续说道，“到了伯克利，我更是没日没夜地编程。在我的住处就有一个电脑终端，我常常看看老电影，编一些程序，到晚上两三点才睡觉。我经常趴在键盘上就睡着了。”他做了一个趴在键盘上睡觉的姿势，“你知道键盘要是一直被摁住，机器就会发出‘哔’‘哔’‘哔’的声音吗？一般这样的情况发生 3 次，我就知道我该去睡觉了。我刚到伯克利的时候，有些东西还做不到得心应手，然而到了第二年，我就觉得自己做那些事情已经很熟练了。这也是为什么我那时编的程序，直到 30 年后的今天依然没有过时。”他停顿了一下，在心里做了一道算术题——这花不了比尔·乔伊多长时间。他 1971 年进入密歇根大学，从大学二年级起正式学习编程，加上每年的暑假，再加上到伯克利后第一年的日日夜夜。他最后说道：“所以，大概……10 000 小时吧。对的，没错。”

甲壳虫乐队的汉堡之行

10 000小时定律适用于所有成功案例吗？我们如果对所有成功案例进行深入分析的话，能否找到类似密歇根大学计算机系或是冰球全明星队提供的这些成就天才的特定训练机会呢？

让我们再找两个例子来验证一下这一定律。为了更具代表性，我举的例子都是大众名人：甲壳虫乐队——世界上最有影响力的摇滚乐队，以及比尔·盖茨——世界上最富有的人。

甲壳虫乐队拥有4位成员：约翰·列侬（John Lennon）、保罗·麦卡特尼（Paul McCartney）、乔治·哈里森（George Harrison）、林戈·斯塔尔（Ringo Starr），他们于1964年2月来到美国，掀起了针对美国音乐界的所谓“英国入侵”的风暴，他们接连打破唱片销量纪录，改变了现代流行音乐的风貌。

我们所关心的关于甲壳虫乐队的第一个问题是：在他们来到美国之前，乐队组建多长时间了？列侬和麦卡特尼在1957年第一次合作，也就是他们来美国的7年之前［顺便插一句，这个时间距公认的他们最伟大作品——《佩珀军士寂寞的心俱乐部乐队》和《甲壳虫乐队》（又被称作“白色专辑”）——的发行正好10年］。如果你进一步研究他们的这段成长历程，你会发现他们有着和顶级冰球球员、比尔·乔伊以及世界级小提琴家极其相似的地方。在1960年，甲壳虫还是一支高中摇滚乐队，他们获得了一个到德国汉堡演出的机会。

“那时的汉堡还没有摇滚乐队，只有脱衣舞夜总会。”甲壳虫乐队传记《叫喊！甲壳虫乐队的真实故事》（*Shout! The True Story of the*

Beatles）的作者菲利普·诺曼（Philip Norman）说[8]，“当时有位酒吧老板叫布鲁诺，他打算邀请摇滚乐队在这里的每个酒吧跑场演出。布鲁诺以前经营过马戏团，他认为按马戏团的那一套，这种表演应该是不间断地演出，观众熙熙攘攘、涌进涌出，乐队要拼命演奏以吸引观众注意。在美国的红灯区，这种表演叫轮场脱衣秀。”

“那时，许多在汉堡演出的乐队都是从利物浦来的。”诺曼继续说道，“这其实源于一个意外。一开始，布鲁诺到伦敦发掘乐队，他在伦敦苏豪区结识了一位来自利物浦的商人。这位商人来到伦敦也纯属意外，他当时正准备给布鲁诺推荐几支乐队，联系就是这样建立起来的。最终，甲壳虫乐队不仅跟布鲁诺建立了联系，也跟其他酒吧老板建立了联系，之后甲壳虫乐队就常来这里，因为这里有喝不完的酒，还有见不完的姑娘。”

汉堡这个地方对于甲壳虫乐队来说有什么特别之处呢？赚的钱多吗？不是的。这里酒吧的音响效果特别好？也不是。还是说汉堡的观众独具慧眼，知道甲壳虫未来会成功？这就更不可能了。汉堡对甲壳虫乐队的真正意义在于：汉堡“逼迫”甲壳虫乐队超量演出。

以下是甲壳虫乐队解散后，列侬接受一家媒体采访时谈到的当年在汉堡脱衣舞酒吧“英迪拉”的演出经历[9]：

> 在那里，我们的演出水平提高了，我们更自信了。我们陷于通宵演出的日子不能自拔。作为外国人，我们不得不加倍努力，全身心投入，而且常常是超负荷运转。
>
> 在利物浦，我们每次的演出时间通常只有1小时，所以我们

必须拿出自己最拿手的曲目，而且翻来覆去就是那几首。到了汉堡，我们每天必须演足8小时，所以我们必须寻求新的演出技巧，不然人们早就听腻了。

8 小时？

一度担任甲壳虫乐队鼓手的皮特·贝斯特（Pete Best）说："当时，我们的演出消息一经发布，酒吧老板就开始热情地招揽顾客。我们一周出场 7 个晚上。一开始我们会不间断地演到夜里 12 点半，也就是酒吧的关门时间。后来我们表演得越来越好，酒吧里的人就一直听到凌晨两点。"

一周 7 天？

从 1960 年到 1962 年，甲壳虫先后 5 次到访汉堡。他们第 1 次一共表演了 106 晚，每晚至少 5 小时；第 2 次表演了 92 场；第 3 次表演了 48 场，演出时间合计 172 小时；最后两次汉堡之行在 1962 年 11 月和 12 月，他们一共表演了 90 小时。就这样，在一年半的时间里，他们一共演出了 270 晚。到 1964 年甲壳虫最终成名之前，他们实际现场演出共计已有 1 200 场。这的确不同寻常！现在的大多数流行乐队在他们整个演艺生涯中的演出也不会超过 1 200 场，正是在汉堡的超量训练才使甲壳虫乐队脱颖而出的。[10]

"去汉堡之前，他们的舞台演出乏善可陈，但是他们回来以后就变得非常出色了。"诺曼继续说道，"他们练就的不仅仅是超量演出时身体的耐力，他们还学会了演唱各种各样的歌曲——从摇滚到爵士，以及你所能想到的所有种类。他们之前在舞台上并没有什么风格可言，但是他们回来以后，就好像突然间脱胎换骨了。汉堡之行造就了他们。"

1968 年的电脑

现在，让我们再把目光转向比尔·盖茨的成长历程。他的经历跟甲壳虫的经历一样被大众津津乐道。数学天才爱上了电脑编程，从哈佛大学辍学，与朋友开了一家小型电脑公司，取名微软。在天才头脑和雄心壮志的共同作用下，微软以惊人的速度成为软件世界的中流砥柱。这是有关比尔·盖茨经历的通俗版本，现在让我们挖掘得更深入一些吧。

盖茨的父亲是西雅图的知名律师，母亲是富有的银行家的千金。儿时的比尔身心早熟，对学校生活不屑一顾。七年级时，他从公立学校转入西雅图湖滨学校——一家专为富家子弟开办的私立中学。盖茨转学的第二年，学校创建了一个电脑俱乐部。

“学校组织的家长会每年都会进行义卖，义卖的钱怎么用，这常让人大伤脑筋。”盖茨回忆道，“这笔钱有时候会用于资助夏令营，让市区贫民的孩子来学校参观，有时则会被当作奖金奖励教学出色的教师。那一年，他们花了 3 000 美元买来电脑终端，并配备了专门的机房。后来，机房成了我们的天下。有电脑用真是一件令人惊喜的事。”

那是在 1968 年，这样的经历当然令人惊喜，因为那个时候许多大学还没有电脑。还有一件事不得不提，那就是学校买的这台电脑的型号。学校并没有买一台实验室用的读卡计算机供学生使用（在 20 世纪 60 年代，人们一般是用这种电脑来学习编程的），学校买的是一台 ASR-33 电传打字机。这台机器的终端与西雅图计算机中心直接相连，并与主机电脑分时共享。“一直到 1965 年人们才发明了分时系统。”盖茨继续说道，“我中学时代的老师竟然如此有远见。”1971 年，仍是大一新生的比尔 · 乔伊非常幸运地开始通过分时系统学习编程，而在 1968 年，才上八年级的比尔 · 盖茨就已经通过分时系统学习电脑编程了。

从那时起，盖茨的生活就基本转移到机房了。他和同学开始自学如何使用这台古怪的机器。当时 ASR 打字机连接的主机电脑的上机时间十分昂贵，即便对于资金雄厚的湖滨学校也是如此。没过多久，家长会的 3 000 美元基金就用完了。家长们追加了经费，但这些钱很快又用完了。就在这时，华盛顿大学的一帮程序员成立了一家名叫“电脑中心”（以下简称 C-Cubed）的公司，专为当地企业提供主机上机时间租用服务。恰好，公司创始人之一莫妮克 · 罗娜（Monique Rona）的儿子比盖茨大一岁，也在湖滨学校读书。当时罗娜正盘算着，能不能利用儿子学校的电脑，利用周末的空闲时间测试一些公司的程序，作为交换，罗娜可以免费为学校提供一些上机时间。罗娜和学校一拍即合。从那时起，盖茨每天放学后就坐公交车到 C-Cubed 公司，在那里他可以一直编程到晚上。

可惜 C-Cubed 公司后来倒闭了，于是盖茨和同学就只能流连在华盛顿大学计算机中心门外。不久，他们就联系到一家信息科技公司（以下简称 ISI 公司）。ISI 公司雇用这些学生编写企业薪资管理软件，给学生的报酬是免费上机。这样，在 1971 年的 7 个月内，盖茨和同学在 ISI 公司主机房待了 1 575 小时，即平均为每周 7 天，每天 8 小时。

“那段时间对我的影响有两方面。”盖茨在谈到他高中的早期生活时说，“我编程的能力的确提高了很多。我都是晚上到那里，周末也全天学习。那时我每周的工作时间几乎不低于二三十个小时。但后来，我和保罗·艾伦（Paul Allen）却陷入了另一桩麻烦事中：我们因为偷上机密码，并且把主机搞崩溃了，被公司开除了。我因此整个夏天都没法使用电脑。那个时候我十五六岁。后来，保罗在华盛顿大学找到一台可以免费使用的电脑。学校的医学中心和物理实验室一般都配有电脑，这些电脑本来是全天24小时均应被学校占用的，但我们发现，凌晨3点到早上6点，电脑其实是空闲的。”盖茨笑道：“所以我总是一到就寝时间便偷偷溜出家门。华盛顿大学就在我家附近，我步行就能到达，有时也会乘公交车去。这也是为什么后来我对华盛顿大学的捐助总是十分大方，因为这所学校给了我太多的上机时间。”（多年以后，盖茨的母亲曾说：“我们那个时候总是纳闷儿，为什么他早上起床总是那么费劲。”）

ISI公司的创始人之一巴德·彭布罗克（Bud Pembroke）当时与一家科技企业TRW公司有业务联系。当时，TRW公司与华盛顿州南部的博纳维尔电厂签订了合同，为电厂提供管理系统软件。TRW公司因此急需招聘一批熟悉电站运作专业软件的程序员。在计算机行业发展早期，要找这样有专门经验的程序员非常困难。但是彭布罗克知道该找谁——正是那些在ISI公司主机房上机超过数千小时的湖滨学校的中学生。那年盖茨已经读到高中的最后一年了，不知道他当时使了什么手段让老师批准他打着到博纳维尔电厂实习的幌子在那里待了整整一个春季。这段时间，他在一位名叫约翰·诺顿的人的指导下编写程序代码。盖茨后来说，那个人在编程方面教给他的东西比任何人都多。

从八年级到中学毕业的5年，是比尔·盖茨的“汉堡之旅”。无论以哪种标准来看，到目前为止，他获得的机遇甚至比比尔·乔伊的更多、更不可思议。

机遇之一，是盖茨转入湖滨学校。1968 年世界上还有哪所高中像湖滨学校那样拥有具备分时系统的计算机终端？机遇之二，是学校的家长会基金足够支付学校的电脑费用。机遇之三，是学校经费用完以后，一位同学家长开的公司（C-Cubed）正巧需要利用周末测试程序代码，并愿意以为学生提供免费的上机时间作为交换。机遇之四，盖茨恰巧找到 ISI 公司，该公司恰巧需要人员编写薪资管理软件。机遇之五，盖茨的家正好在华盛顿大学的步行范围内。机遇之六，华盛顿大学的计算机恰好每天凌晨 3 点到早上 6 点无人使用。机遇之七，TRW 公司正巧与巴德·彭布罗克有业务往来。机遇之八，优秀的程序员彭布罗克在需要解决特定问题的时候想到了这两名中学生。机遇之九，湖滨学校竟然同意学生去外地，花一个春天的时间编写电脑程序。

所有这些机遇有着什么样的共同点？答案是这些机遇都给了比尔·盖茨更多的练习时间。当盖茨大学二年级从哈佛大学辍学自己开公司的时候，他已经不间断地学习了 7 年编程了。全世界有多少不到 20 岁的少年有盖茨这样的经历？“全世界不可能有超过 50 个人像我这样。”比尔·盖茨自己说，“我为 C-Cubed 公司工作过，编写过薪资管理程序，然后又为 TRW 公司工作——所有这一切最后成就了我。我认为我在很年轻的时候就对软件开发有着比同龄人更深刻的认识。我获得的这一切都是这一系列不可思议的运气的累积。”

时势造成功

现在将冰球明星、比尔·乔伊、甲壳虫乐队和比尔·盖茨的故事串联起来，我们便能拼出通向成功的更加完整的路径了。乔伊、盖茨和甲壳虫乐队成员无疑都天赋过人。列侬和麦卡特尼的音乐才能给音乐界带来了整整一个时代的繁荣；而比尔·乔伊，请不要忘记，他匆忙之中准备的演讲也震撼了担任面试官的教授。他们个个都才华横溢。

但是，使他们如此出色的不是他们非凡的才能，而是他们非凡的机遇。对甲壳虫乐队来说，非凡的机遇就是应邀去了汉堡。如果没有在汉堡的历练，甲壳虫也许会走上另一条完全不同的路。“我非常幸运。”比尔·盖茨在我们采访一开始时就这样说。这并不意味着他不是电脑天才或非凡的企业家，他这样说只是代表他心里十分清楚，是1968年就读湖滨学校这一决定为他带来了非凡的机遇。

到目前为止，本书列举的所有“异类”都是某种独特机遇的受惠者。这些机遇对于软件业亿万富翁、摇滚巨星和体育明星来说并非偶然，而是一种规律。

为了完成我对天才背后非凡机遇作用的说明，我最后再举一例。我们再做一次类似前一章冰球队员出生日期调查的数据分析，只不过这一次我列出的不是出生月份，而是出生年份。以下是人类有史以来最富有的75人的名单，其中的财富值用美元计算。你会发现，表格里有历史上的一些国王、王后和法老，也有当代的亿万富翁，包括沃伦·巴菲特和卡洛斯·斯利姆①。

---

① 卡洛斯·斯利姆（Carlos Slim），墨西哥商人，控制着墨西哥和拉丁美洲的许多电信公司，是拉丁美洲最富有的人。2008年3月福布斯调查时其身家已暴涨为600亿美元，在当年排名中超过比尔·盖茨成为全球第二富。——译者注

表 2-1　人类有史以来最富有的 75 人

序号	姓名	财富（10亿美元）	所属国家与地区	公司或财富来源
1	约翰 · D. 洛克菲勒	318.3	美国	美孚石油公司
2	安德鲁 · 卡内基	298.3	苏格兰	卡内基钢铁公司
3	沙皇尼古拉二世	253.5	俄国	罗曼诺夫王朝
4	威廉 · 亨利 · 范德比尔特	231.6	美国	铁路大王（芝加哥、伯灵顿和昆西铁路公司）
5	米尔 · 奥斯曼 · 阿里汗	210.8	印度	海德拉巴王国末代君主
6	安德鲁 · W. 梅隆	188.8	美国	海湾石油公司
7	亨利 · 福特	188.1	美国	福特汽车公司
8	马库斯 · 李锡尼 · 克拉苏	169.8	罗马共和国	罗马参议院
9	巴希尔二世	169.4	拜占庭帝国	君主国
10	康内留斯 · 范德比尔特	167.4	美国	铁路大王（纽约—哈莱姆铁路）
11	阿拉尼斯 · 鲁弗斯	166.9	英格兰	投资家
12	阿梅诺菲斯三世	155.2	古埃及	法老
13	威廉 · 德 · 瓦伦	153.6	英格兰	第一代萨利伯爵
14	威廉二世	151.7	英格兰	君主国
15	伊丽莎白一世	142.9	英格兰	都铎王朝
16	小洛克菲勒	141.4	美国	美孚石油公司
17	山姆 · 沃尔顿	128.0	美国	沃尔玛超市
18	约翰 · 雅各布 · 阿斯特	115.0	德国	美国皮毛公司
19	巴约的奥多	110.2	英格兰	君主国
20	史蒂芬 · 吉拉德	99.5	法国	美国第一银行
21	克莉奥帕特拉七世	95.8	古埃及	托勒密王朝继承人
22	史蒂芬 · 范 · 伦斯勒	88.8	美国	伦斯勒地产
23	理查德 · B. 梅隆	86.3	美国	海湾石油公司
24	亚历山大 · 特尼 · 斯图尔特	84.7	爱尔兰	长岛铁路公司
25	小威廉 · 巴克豪斯 · 阿斯特	84.7	美国	遗产继承
26	西蒙 · 伊特瑞 · 帕蒂尼奥	81.2	玻利维亚	瓦努尼锡矿公司

（续表）

序号	姓名	财富（10亿美元）	所属国家与地区	公司或财富来源
27	文莱苏丹哈桑纳尔	80.7	文莱	Kral 公司
28	弗雷德里克·惠好	80.4	德国	惠好公司
29	摩西·泰勒	79.3	美国	花旗银行
30	文森特·阿斯特	73.9	美国	遗产继承
31	卡洛斯·斯利姆·赫鲁	72.4	墨西哥	电信业
32	宋子文	67.8	中国	中国中央银行
33	杰伊·古尔德	67.1	美国	联合太平洋铁路公司
34	马歇尔·菲尔德	66.3	美国	马歇尔·菲尔德公司
35	乔治·F. 贝克	63.6	美国	新泽西中央铁路公司
36	海蒂·格林	58.8	美国	海湾国家银行
37	比尔·盖茨	58.0	美国	微软公司
38	劳伦斯·约瑟夫·埃里森	58.0	美国	甲骨文公司
39	理查德·阿克赖特	56.2	英格兰	德文特河谷工业区
40	穆克什·安巴尼	55.8	印度	瑞来斯实业公司
41	沃伦·巴菲特	52.4	美国	伯克希尔－哈撒韦公司
42	拉克希米·米塔尔	51.0	印度	米塔尔钢铁公司
43	J. 保罗·盖蒂	50.1	美国	盖蒂石油公司
44	詹姆斯·G. 费尔	47.2	美国	弗吉尼亚矿业公司
45	威廉·威特曼	46.1	美国	默克集团
46	拉塞尔·塞奇	45.1	美国	西联汇款公司
47	约翰·布莱尔	45.1	美国	联合太平洋铁路公司
48	阿尼尔·安巴尼	45.0	印度	瑞来斯通信公司
49	利兰·斯坦福	44.9	美国	中央太平洋铁路公司
50	小霍华德·休斯	43.4	美国	环球航空公司、休斯飞机公司、休斯工具公司、Summa 公司
51	塞勒斯·柯蒂斯	43.2	美国	柯蒂斯出版公司
52	约翰·英斯利·布莱尔	42.4	美国	铁路大王（特拉华、拉克瓦纳和西部铁路公司）
53	爱德华·亨利·哈里曼	40.9	美国	联合太平洋铁路公司

（续表）

序号	姓名	财富（10亿美元）	所属国家与地区	公司或财富来源
54	亨利·H. 罗杰斯	40.9	美国	美孚石油公司
55	保罗·艾伦	40.0	美国	微软公司，Vulcan 公司
56	约翰·克卢格	40.0	德国	大都会广播公司
57	J. P. 摩根	39.8	美国	通用电气公司，美国钢铁公司
58	奥利弗·H. 佩恩	38.8	美国	美孚石油公司
59	堤义明	38.1	日本	西武百货公司
60	亨利·克雷·弗里克	37.7	美国	卡内基钢铁公司
61	约翰·雅各布·阿斯特四世	37.0	美国	遗产继承
62	乔治·普尔曼	35.6	美国	普尔曼公司
63	科利斯·波特·亨廷顿	34.6	美国	中央太平洋铁路公司
64	皮特·A. B. 怀德纳	33.4	美国	美国烟草公司
65	菲利普·丹弗斯·阿穆尔	33.4	美国	阿穆尔冷冻公司
66	威廉·S. 奥布莱恩	33.3	美国	弗吉尼亚矿业公司
67	英格瓦尔·卡姆普拉德	33.0	瑞典	宜家家居公司
68	K. P. 辛格	32.9	印度	新德里地产公司
69	詹姆斯·C. 弗勒德	32.5	美国	弗吉尼亚联合矿业公司
70	李嘉诚	32.0	中国	和记黄埔集团
71	安东尼·N. 布雷迪	31.7	美国	布鲁克林运输公司
72	伊莱亚斯·H. 德比	31.4	美国	船运
73	马克·霍普金斯	30.9	美国	中央太平洋铁路公司
74	爱德华·克拉克	30.2	美国	辛格缝纫机公司
75	阿尔瓦利德·本·塔拉尔王子	29.5	沙特阿拉伯	王国控股公司

你知道这里面有意思的地方是什么吗？表 2–1 中有 14 个最富有的美国人竟都出生在 19 世纪中期的 9 年间。想想吧，历史学家从古代埃及艳后和法老开始，系统性地搜索出世界每一个角落有史可据的拥有巨额财富的人，而其中 20% 的人竟然出自同一个国家的同一代人当中。

下面列出的就是那 14 个美国人。

1. 约翰 · D. 洛克菲勒，1839 年
2. 安德鲁 · 卡内基，1835 年
28. 弗雷德里克 · 惠好，1834 年
33. 杰伊 · 古尔德，1836 年
34. 马歇尔 · 菲尔德，1834 年
35. 乔治 · F. 贝克，1840 年
36. 海蒂 · 格林，1834 年
44. 詹姆斯 · G. 费尔，1831 年
54. 亨利 · H. 罗杰斯，1840 年
57. J. P. 摩根，1837 年
58. 奥利弗 · H. 佩恩，1839 年
62. 乔治 · 普尔曼，1831 年
64. 皮特 · A. B. 怀德纳，1834 年
65. 菲利普 · 丹弗斯 · 阿穆尔，1832 年

这到底是怎么回事？其实只要你稍加思索，答案便显而易见了。从 1860 年到 1880 年，美国经济正步入其历史上的转型期。此时铁路

事业方兴未艾，华尔街金融业崭露头角，工业大生产的序曲正在奏响。旧时代的经济信条被打破，新时代的规则正在形成。表2–1说明，当美国经济转型时代到来的时候，你的年龄与你能否成功关系重大。

如果你出生在19世纪40年代晚期，你就错过机遇了：你太年轻，以致无法把握住时代的大好机遇；而如果你出生在19世纪20年代，你的年龄就太大了：你的思维还处在南北战争之前的模式。而恰恰是那短短9年间出生的人，才有幸洞察未来的潜力何在。表2–1中的所有人无疑都具有远见卓识，而生在那个时代则成为他们最特殊的机遇。这与出生在1月、2月和3月的冰球、足球运动员所获得的特殊优势是一样的。①

现在，让我们对比尔·乔伊和比尔·盖茨做一下类似的深度分析吧。

如果你跟硅谷的过来人讨论电脑科技，他们一定会告诉你，1975年1月是个人电脑时代的起点。那年《大众电子》（*Popular Electronics*）有一期封面介绍的是当时最先进的“阿尔泰8800”电脑。“阿尔泰”电脑每台价格为397美元，它能满足用户的个性化装配需求。当时的封面标题就是《技术突破！世界第一台可与商用电脑媲美的微型电脑》。

---

① 社会学家C. 赖特·米尔（C. Wright Mills）对19世纪30年代出生的人做了进一步观察。他对殖民地时期到20世纪美国商界精英的生活背景进行了研究。他发现，在大多数情况下，商业大亨都来自特权阶层，这一点人们比较容易理解。但是，唯一例外的就是19世纪30年代出生的那批人。他的研究表明，出生在那前后20年的人大大地受惠于那个时代。那时出生的人即便出身贫寒也可以通过个人奋斗很快致富，这在美国历史上是少有的。他写道：“对于那些出身贫寒却又想迅速获得商业成功的年轻人来说，最佳的出生年份是1835年。”[11]

《大众电子》是那个时代电脑软件爱好者的《圣经》。这对于他们来说无疑是一个重大的好消息。那时，电脑还是一种庞大的、必须放置在像密歇根大学计算机系大楼那样的建筑里的昂贵仪器。多少年来，电脑爱好者们一直盼望着足够小、足够便宜，适合普通人使用的个人电脑的出现。现在，这种电脑终于诞生了。

如果说 1975 年 1 月是个人电脑时代的黎明，那么谁将占据最有利的位置，去享受黎明的第一缕曙光呢？这一问题的答案所包含的法则与洛克菲勒和卡内基时代蕴藏的法则是一样的。

“如果在 1975 年，你的年龄就太大了，你可能已经从学校毕业，有可能在国际商业机器公司（以下简称 IBM）这样的大公司找到了工作。一旦你开始在 IBM 这类公司工作，你就很难向新世界迈进了。”微软原技术总监内森·梅尔沃德（Nathan Myhrvold）说，“你已经成为这家大型电脑公司的一部分，参与了大型电脑的生产过程，你会想，我为什么要跟这些小打小闹的电脑爱好者为伍？对于这些人来说，个人电脑的出现只不过是多了一个行当，并不意味着什么革命。他们只把视野局限在自己的行业内。他们收入很高，生活不错。然而也正因如此，他们失去了成为亿万富翁并深刻影响世界的机会。”

在 1975 年，如果你的年龄更大些，早已离开校园走向社会，那么你的意识还属于上一个时代。你已经买了房子，结了婚，正在抚养襁褓中的孩子。你绝对不可能放弃一份好工作和养老保险，不切实际地花 397 美元去买什么个人电脑。所以让我们把所有生于 1952 年以前的人排除在外。

同理，如果你年纪太小也是不行的。假如 1975 年你还在上高中，即便你想尽早进入电脑这一行，估计可能性也比较小。所以我们也把1958 年以后出生的人排除在外。1975 年最理想的年龄应该是 20 岁到21 岁（换个说法就是，年龄足够大，大到可以赶上电脑革命，但又不至于太老，老到错过时机），换到出生年份就是 1954 年或 1955 年。

我们可以轻易验证这种理论。比尔 · 盖茨是何时出生的？

比尔 · 盖茨：1955 年 10 月 28 日

这简直是最佳年龄。盖茨正像冰球队里 1 月 1 日出生的球员那般。盖茨在中学最好的朋友保罗 · 艾伦，也是和盖茨在机房并肩作战，在 ISI 和 C-Cubed 公司共度通宵，最终和盖茨共同创建微软公司的人，他是什么时候出生的？

保罗 · 艾伦：1953 年 1 月 21 日

而微软财富榜第 3 位，自 2000 年以来掌舵微软的软件业的资深执行主管史蒂夫 · 鲍尔默（Steve Ballmer），他又是什么时候出生的？

史蒂夫 · 鲍尔默：1956 年 3 月 24 日

我们千万不要忘记另一位与盖茨齐名的风云人物：史蒂夫 · 乔布斯。他是苹果公司的创始人之一。与盖茨不同，乔布斯没有富裕的家庭环境，也没有乔伊那样在密歇根大学深造的机会。但是，我们从他的经历中一样可以发现促使他成功的“汉堡之旅”。乔布斯在旧金山以南的山景城长大，那里正是硅谷的核心地带。他的邻居中有大量惠普（Hew Lett-Packard）公司的工程师，而惠普是现今世界知名的电子品牌。乔布斯常去山景城的跳蚤市场，那里到处是熙来攘往的电脑发烧友和卖配件的维修铺。乔布斯正是在这样的商业气氛中成长，并最终驾驭这一市场的。

下文摘自一本关于乔布斯的传记《意外铸就富翁》（*Accidental Millionaire*），为我们描述了他年轻时的一段独特经历[12]：

> 乔布斯参加了惠普工程师们组织的一个夜谈节目。这个节目旨在为大众介绍最新的电子科技信息。在这期间，乔布斯尝试从惠普工程师的经验中去粗取精，加入奇思妙想，逐渐形成自己独特的技术品位。有一次他甚至把电话打到惠普创始人比尔·休利特（Bill Hewlett）那里，说他想要一些电脑配件。最后他不仅得到了想要的东西，还争取到一份暑假零工：到电脑装配车间装配电脑。他被这一切迷住了，从此他开始构思自己的电脑模样……

等等，比尔·休利特给了乔布斯一些多余的电脑配件？这岂不是与 13 岁的比尔·盖茨获得可无限制使用分时终端的机会有异曲同工之处？这就好像你从小对时装感兴趣，而在你成长的过程中，你的邻居恰巧又是乔治·阿玛尼[①]。话说回来，乔布斯是什么时候出生的？

---

① 乔治·阿玛尼（Giorgio Armani），著名的意大利服装设计大师。——编者注

史蒂夫·乔布斯：1955年2月24日

另一位软件业的革命先行者埃里克·施密特（Eric Schmidt）开创了以开发网络产品著称的Novell公司，该公司亦是硅谷软件公司中的翘楚。2001年，施密特成为谷歌公司CEO（首席执行官）。那他是什么时候出生的？

埃里克·施密特：1955年4月27日

当然，我并不是说硅谷所有的传奇人物都是在1955年出生的，有些也不是，这就像不是每个美国工商业巨头都出生在19世纪30年代中期一样。但是这其中的确存在非常明显的模式，而普通人却对此视若无睹，人们只相信成功完全是个人努力的结果。但是到目前为止，所有有关成功人士的历史都说明，事情并非人们想象中那么简单；历史恰恰说明，那些获得特殊机遇眷顾的人总能努力工作，并胜任使命；与机遇相伴的人总能取得非同寻常的成就。他们的成功并不仅仅是自己努力的成果，更是独特的成长环境促成的结果。

请不要忘记比尔·乔伊的故事。如果他的年龄再大一点儿，他学习编程的时候就不得不面对键盘打孔机的琐碎工作，用他自己的话来说就是，他很可能就研究科学去了，这样一来，比尔·乔伊还能是现在的比尔·乔伊吗？他可能会成为一名生物学家而不是计算机天才。又假设他的年龄小一点儿，错过了后来为互联网编写代码的时机，比尔·乔伊也不会是现在的计算机天才比尔·乔伊。那他是什么时候出生的呢？

比尔·乔伊：1954年11月8日

继在伯克利的足量学习以后，乔伊成为硅谷历史最悠久也最重要的软件公司——Sun公司的4个创始人之一。如果你依然认为机缘巧合的出生日期代表不了什么，那么请看以下Sun公司另外3位创始人的出生日期：

斯科特·麦克尼利：1954年11月13日

维诺德·科斯拉：1955年1月28日

安迪·贝托尔斯海姆：1955年9月30日

• 3

智商与机遇：
“特曼人”的谬误

仅靠智商很难区分两个聪明孩子。

全美最聪明的人

2008 年，美国智力竞猜电视节目《以一敌百》邀请到了一位特殊的嘉宾，他的名字叫克里斯托弗 · 兰根（Christopher Langan）。[1]

《以一敌百》是一个类似《谁想成为百万富翁》（*Who Wants to Be a Millionaire*）的真人秀电视节目。每期节目都会邀请 100 名普通观众组成“大众团”，他们每周需要与一位特邀嘉宾比拼智力，获胜方将赢取 100 万美元奖金。这位特邀嘉宾要足够聪明，他 / 她必须比“大众团”答对更多的问题。以这样的标准，特邀嘉宾中没有几个能与克里斯托弗 · 兰根的战绩匹敌。

“今晚，‘大众团’将面临最最激烈的竞争。”主持人鲍勃 · 塞奇说道，“有请克里斯托弗 · 兰根，大家公认的全美国最聪明的人。”随后，一位 50 多岁，个头不高，肌肉结实的男人出现在画面中。“普通人的智商是 100 分，”主持人继续说道，“爱因斯坦为 150 分，而克里斯托弗的智商达到了 195 分，目前他正致力于宇宙万物的理论研究。今晚，克里斯托弗的超强大脑能否战胜‘大众团’的集体智慧，最终获得100万美元呢？让我们拭目以待——欢迎收看《以一敌百》！”

兰根在热烈的掌声中大步走上舞台。

“请问，你是不是觉得在一个像我们这样的节目中，你不需要动用你的高智商就能做得很好？”主持人毫不客气地问道。他用一种奇怪的眼神看着兰根，就好像兰根是一个刚从实验室跑出来的怪物。

“实际上，我觉得高智商有时反而是一种累赘。”兰根用深沉而坚定的音调回答道，“智商高的人，做事倾向于专注，思考得更加深入，并会忽略一些无足轻重的细节。但是现在，看到这期的‘大众团’之后，我觉得我能做好。”他瞥了一眼“大众团”，目光中似乎流露出一丝不屑。

过去这10多年，克里斯托弗·兰根从默默无闻到声名鹊起，现已成为美国天才的代言人，“异类”中的名流。他在电视新闻和杂志中的人物传记栏目中频繁出现，甚至成为导演埃罗尔·莫里斯（Errol Morris）纪录片中的主角，这一切都源自他的智力超凡的大脑。

一次，一个名为《20/20》的新闻节目请来神经心理学家给兰根做智商测试，然而，因为兰根的得分太高，超出测试表格范围，此事最终不了了之。还有一次，兰根参加专测超常人智商的超级智商测试，最终仅差一题便全部答对。① 他6个月大时就开始说话，3岁时收听周末广播中的笑话就能跟着学，继而可以自主阅读。5岁时，他开始问祖父诸如“上帝是否存在”这样的问题，并且在得到不满意的答案时满脸失望。

---

① 超级智商测试是由罗纳德·K. 霍夫林开创的。他本人也具有超高的智商。我们从“同类词”单元选出一题如下：“牙齿：母鸡；鸟巢：？”如果你想知道答案，可别来问我，我对这些题毫无概念。

等到了上学的年龄，兰根可以在完全不上课的情况下参加一门外语考试，他只需要在监考老师来之前浏览一下教材，就能在考试中得 A。当他刚满 10 岁，还在家中的农场里干活的时候，他就开始阅读物理学理论著作。16 岁的时候，他自学了伯特兰·罗素和阿尔弗雷德·诺思·怀特黑德合著的深奥难懂的著作《数学原理》(*Principia Mathematica*)。他在 SAT 考试中睡着了，但最后还是拿了高分。

“他会先学 1 小时数学，”兰根的弟弟马克在谈到兰根高中暑假都会做些什么的时候说，“然后学 1 小时法语，然后是俄语，然后是哲学。他做这些事的时候全心全意，整个暑假每天如此。”

兰根的另一个弟弟杰夫说道：“当克里斯托弗十四五岁的时候，他常以画画作为消遣，他的画逼真得跟照片一样。15 岁那年他就能像亨德里克斯①那样弹奏吉他了。很多时候，克里斯托弗不需要去学校，就能在考试中获得最优异的成绩。我们也觉得不可思议。通常，一个学期的教科书他两天就看完了，这不耽误他每天做他该做的事，也不耽误他做其他他感兴趣的事。”②

---

① 吉米·亨德里克斯（Jimi Hendrix），美国著名吉他手、歌手和作曲人，被公认为流行音乐史中最重要的电吉他演奏者。——译者注

② 为了更好地解读兰根这个人，我们在这里举一个类似的案例：一个名叫“L”的男孩儿，他的智商和兰根一样，也是 200 分左右。这份研究结果来自莉塔·斯泰特·霍林沃斯，她是第一批研究超常儿童的心理学专家。[2] 智商达到 200 分的确是相当罕见的：“小 L 的博学令人惊叹。他对学术精确性和完整性有着近乎完美的要求。他的确完全符合‘教授’这一称号。他的态度与学识受到同学和老师的一致肯定。他经常就一些课题进行长达 1 小时的演讲，内容涉及钟表的历史、古代引擎结构理论以及数学与历史。他用零零碎碎的小东西（例如打印机色带轴）做了一个家用钟的钟摆模型，用以演示计时原则。他在上‘时间与计时’这门课的时候就拿出这个自制钟摆演示他所理解的计时原则。他的笔记本中对此有详细而充满学究气息的解释。他觉得‘运输’课关于路上运输讨论得太少了，他认为是因为课上时间不够所以讨论得不多，但他坚持‘至少应该论及古代运输理论’。作为对这一不足的弥补，他自愿‘带来详尽的绘图以及详细列明古代引擎、机车理论的表格’……而他做这一切的时候，年仅 10 岁。”

让我们再回到《以一敌百》的现场，此刻的兰根沉着而自信。他压低声音说话，目光犀利。他说话不绕圈子，从不需要刻意寻找确切的表达，也不会通过重复问题来拖延时间。他也不说“嗯”“呃”这些语气词，他说话好像急行军，一句接一句，优雅而利落。主持人塞奇抛给他的每一个问题，他都能轻松应答。当赢到25万美元的时候，他显然暗中盘算了一下，再玩下去有可能会失去前面所得到的一切，此时的风险开始大过继续得分的可能。忽然，他停下了。“我现在退出比赛，提取奖金。”他说。他坚定地握了握主持人的手走下台去——在最巅峰的时刻收手，这正是天才们的行事方式。

超常“特曼人”

第一次世界大战刚结束，斯坦福大学心理学教授刘易斯·特曼（Lewis Terman）开始观察一个特别聪颖的男孩儿亨利·考埃尔。考埃尔出生在一个贫穷的下层社会家庭，因为和同龄的孩子合不来，他从7岁开始就不再上学了。后来，考埃尔待在离斯坦福校园不远的一个小校舍当看门人，白天的时候他常常开小差溜出去玩儿，或者溜进学校教室偷偷弹钢琴。他弹的每一首曲子都很动听。

特曼非常擅长设计智商测验。在随后的许多年里，有数以百万计的人做了名叫“斯坦福—比奈”的智商测验，而特曼就是这个测验的发明者。现在他准备为考埃尔做智商测验。这个男孩儿思维严谨，说话、做事条理性强，十分聪明。他的智商测验得分是140分，这可是天才级别的得分啊！特曼不禁怅然，有多少天才少年被埋没在尘世之中啊！

于是，特曼开始有计划地寻找天才少年。他找到了一个 19 个月就能遍识字母表的女童，以及一个 4 岁就能读狄更斯和莎士比亚作品的女童。他还发现了一个被法学院教授赶出学校的年轻人，他被扫地出门的原因是教授不相信有人能靠大脑逐条背诵大段法律条文。

1921 年，特曼开始研究天才的人生历程。在一笔美国联邦基金的支持下，他组织了许多现场调查组，深入加利福尼亚州所有的中小学进行研究。他先让教师们挑出班里最聪明的学生，并对这些学生进行第一轮智商测试；然后把得分排在前 10% 的学生抽出来做第二轮测试；再把第二轮得分超过 130 分的学生组织起来进行第三轮测试。特曼认为，经过这样的层层筛选，他可以挑选出最优秀、最聪明的学生。大规模的调查结束后，特曼从 25 万名中小学生中挑选出了 1 470 个智商为 140~200 分的学生。这些被挑选出来的天才少年，正式成为历史上最著名的心理学研究的研究对象，他们被统称为“特曼人”。

在随后的岁月里，特曼成了坚守职责的“老母鸡”。他跟踪、测试、测量、分析“特曼人”的人生经历。他们的教育程度、婚姻状况、疾病情况、心理健康、工作经历等，特曼都一五一十地记录下来。他甚至会为“特曼人”写工作推荐或研究生入学推荐，给他们提供生活中的建议与指导。最终他将研究报告写成厚厚的红皮卷著作——《天才基因的研究》(*Genetic Studies of Genius*)。[3]

“除了道德，没有什么比人的智商对其人生的影响更重要的了。”特曼在一次发言中说道。他认为，正是那些高智商的人“引领了从科学到艺术，从政治到教育，再到社会福利等领域的全面进步”。随着

“特曼人”慢慢长大，特曼不断搜集“特曼人”获得的非凡成就，将之加入其编年体著作中以证明他的观点。当被测学生还在高中阶段的时候，他这样写道：“在你翻看报纸，寻找任何有‘特曼人’参加的竞赛、活动的时候，你总能在优胜者中找到几个‘特曼人’的名字。”他把“特曼人”中有文学素养的学生写的作文拿过来，与著名作家的早期作品放在一起比较，他认为两者差不多。他说，所有迹象都表明，“特曼人”命中注定是美国未来各行业的中流砥柱。

直到今天，特曼当年的思想仍旧主宰着人们对成功的看法。一些学校设有“天才班”，学生想考取重点大学就必须通过智力测试，如SAT（学术能力评估测试）。今天的高科技企业，诸如谷歌和微软，也会对求职者进行认知能力测试。这一切都出自这样的理念：智商高的人具有更大的潜力。最著名的要数微软对求职者进行的一系列智力测试了，其中一道经典题目是这样的：“为什么井盖是圆的？”如果你回答不上来，你就不能去微软公司工作了。①

如果我有某种神秘力量，能将你的智商提高30分，你会说“谢谢，太好了”，对吗？你觉得你可以借此在生活中抢占先机。每个人第一次听说克里斯托弗·兰根的故事时的本能反应，与一个世纪前特曼遇见亨利·考埃尔时的反应一模一样：我们对此深感敬畏。天才的确是终极程度的“异类”，我们确信这根本不在人力所能及的范围之内。

但是，这是真理吗？

---

① 答案是，圆形的井盖无法掉进井里，无论你怎样滚动、转动它，它都不会掉下去，而有棱角的井盖只要掀起其中的一角就会掉下井去。知道这个你就有机会去微软公司工作了。

到目前为止，本书讨论的主旨是，与其说非凡的成就取决于天赋，不如说其取决于机遇。在本章，我将深刻挖掘下面这个主题：为什么那些“异类”看上去总像是纯粹依靠他们自身的天赋取得成功的？一直以来，我们总是从特曼那样的人那里获得对高智商人群的感性认识。但是，我即将要说明的是，特曼的判断出错了。假如他对“特曼人”的错误判断延伸到16岁就看《数学原理》的克里斯托弗·兰根身上，他判断的结果也一样会出错。特曼并没有真正理解现实世界中的“异类”，而这种错误理解仍旧在现代人的观念中流传。

智商的门槛效应

瑞文标准推理测验（Raven's Progre-ssive Matrices）是一种常见的智力测验。这种测验并不考察被试者特定的语言技能或已掌握的特定知识体系，仅考察被试者的抽象推理能力。瑞文测验包含48道题，题目难度逐级增加，你的得分取决于你在测验中答出的正确答案的数量。

图3–1是一道典型的瑞文测试题。

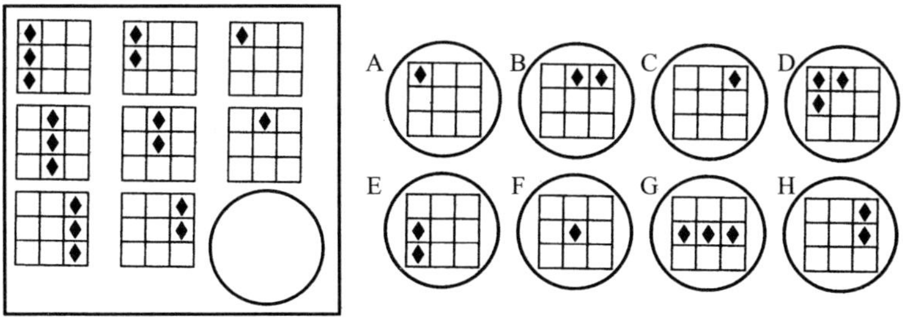

图3–1　瑞文测试题举例1

怎么样，做出来了吗？我想大多数人都能。这道题的正确答案是C。但是图 3–2 中的这道题就比较难了，这是瑞文测试中排在最后的一道难题。

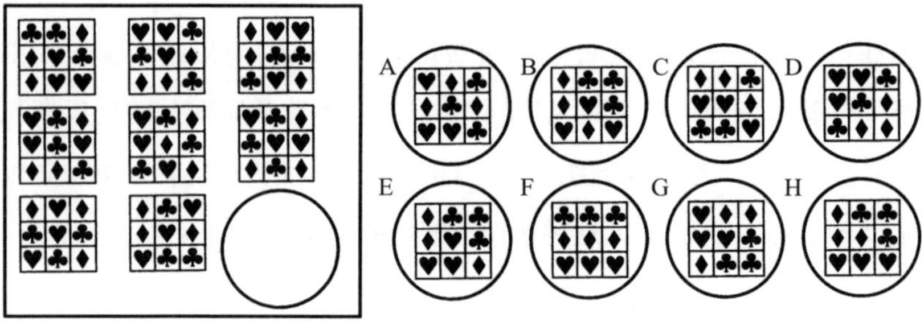

图 3–2　瑞文测试题举例 2

这道题的正确答案是 A。我得承认我没有答出来，我想大多数人也没能答出来。然而克里斯托弗 · 兰根一定答得出来。当我们承认像兰根这样的人真的十分聪明的时候，我们的本意是指，这些人可以答出像图 3–2 中题目这样的比较难的智力测验题。

多年来，研究者做了大量研究，探讨高智商者能否在其人生中获得成功这一课题。研究者普遍认为，智商测试的低分者（70 分以下）存在生理缺陷，而普通人的得分一般会在 100 分左右。当然，个体要是有更高一点儿的智商，他 / 她便可以更顺利地完成高等教育。想成功完成竞争激烈的研究生课程，智商起码需要 115 分。一般来说，一个人的智商越高，其受教育程度就越高，工资也就越高——你可能还不知道，这样的人寿命也更长。

但是这里面还另有玄机。智商与成功只在一定程度上相互关联，一旦某人的智商超过 120 分，此时更高的智商并不意味着会同比转化成更多的现实优势。①

“有充足的实例证明，智商 170 分的人比智商 70 分的人的思维更加缜密。”英国心理学家利亚姆·赫德森（Liam Hudson）写道，“即便分值差异小些，但只要存在差异（如 100 分和 130 分），情况就都差不多。但是，当两个人的智商都很高时，这种规律就被破坏了。一个智商 130 分的科学家跟一个智商 180 分的科学家都可以获得诺贝尔奖。”[4]

用赫德森的话说，智商值更像篮球队中球员的身高值。身高 1.68 米的人能不能进入职业篮球队？这个可能性几乎没有。想进入职业球队打球，身高起码要 1.83 米，当然 1.88 米优于 1.85 米，1.91 米优于 1.88 米。但是，当身高超过某一高度后，身高的作用就会骤减。一个身高 2.03 米的球员并不一定会优于一个身高 1.98 米的球员（伟大的篮球运动员迈克尔·乔丹，其身高就是 1.98 米）。一个篮球运动员只需要身高足够高，超过职业队的身高门槛就可以了。同样，智商也是如此，智商门槛同样存在。

---

① “智商学派原教旨主义者”亚瑟·詹森（Arthur Jensen）在其于 1980 年出版的著作《智力测验中的偏见》（*Bias in Mental Testing*）的第 113 页写道：“智商所衡量的社会和个人生活领域中最重要的 4 个区域，决定了不同智力水平的人之间的差异。这 4 个区域分别是：进入普通学校就读（智商需达 50 分）；掌握小学的基本科目（智商需达 75 分）；在高中阶段顺利读完大学的预备课程（智商需达 105 分）；顺利从四年制大学毕业，从而具备成为专业人员或进入研究生院深造的资历（智商需达 115 分）。超过这一范围之后，智商值对普通职业成绩和一般意义的成功就不再发挥决定性作用了。这并不是说智商 115 分和 150 分，或是 150 分和 180 分的人之间没有差别，但在这个级别上，智商差异发挥的作用远比不上个人因素差异发挥的作用——这和普通人的感觉相去甚远，个性与性格在这里发挥了更重要的作用。”

本章一开头提到的《以一敌百》节目里说，爱因斯坦的智商是150分，兰根的智商为195分。但你不能说因为兰根的智商比爱因斯坦高30%，兰根就比爱因斯坦聪明30%。这种类推是荒谬的。我们根据智商所能得出的结论是，若要研究类似于物理这样的复杂学科，他们两个都足够聪明，都能够胜任。

说智商存在一个门槛，这可能有违许多人的直觉。我们总是认为，诺贝尔奖得主的智商一定极高：他们在大学入学考试中一定得了满分，一定每年都能获得学校的奖学金；他们在高中时代一定名列前茅，总是被各大名校争相录取。

但是请仔细看一看下面所列的美国近年（自2007年起）25位诺贝尔生理学或医学奖得主大学本科所在学校名单：

安蒂奥克学院

布朗大学

加州大学伯克利分校

华盛顿大学

哥伦比亚大学

凯斯理工学院

麻省理工学院

加州理工学院

哈佛大学

汉密尔顿学院

哥伦比亚大学

北卡罗来纳大学

迪堡大学

宾夕法尼亚大学

明尼苏达大学

圣母大学

约翰·霍普金斯大学

耶鲁大学

美国联合学院肯塔基分校

伊利诺伊大学

得克萨斯大学

圣十字学院

阿默斯特学院

盖茨堡学院

亨特学院

很明显，并不是所有大学都是美国顶级名校。诸如耶鲁大学、哥伦比亚大学和麻省理工学院这些自然是顶级名校，但是迪堡大学、圣十字学院和盖茨堡学院只能算是说得过去，而这就是“好”学校的名单。

同样，下面所列的是美国近几年25位诺贝尔化学奖得主大学本科所在学校的名单：

纽约城市学院

纽约城市学院

斯坦福大学

戴顿大学（俄亥俄州）

罗林斯学院（佛罗里达州）

麻省理工学院

格林内尔学院

麻省理工学院

麦吉尔大学

佐治亚理工学院

俄亥俄卫斯理大学

莱斯大学

霍普学院

杨百翰大学

多伦多大学

内布拉斯加大学

达特茅斯学院

哈佛大学

伯里亚学院

奥格斯堡学院

马萨诸塞大学

华盛顿州立大学

佛罗里达大学

加州大学河滨分校

哈佛大学

很明显，要想获得诺贝尔奖，你起码要有足够高的智商，能被圣母大学或伊利诺伊大学这样的学校录取，情况就是如此。[①]

说起来有些偏激。设想一下你的女儿拿到两所大学的录取通知书——一所是哈佛大学，一所是位于华盛顿的乔治敦大学。你想让她去哪所大学？我猜你会选哈佛大学，因为哈佛大学更有名。哈佛大学学生的入学成绩要比普通学校高 10%~15%。

人们通常认为学校和参加赛跑的选手一样，可以通过排名确定其优劣，人们约定俗成地用这种方法分辨智商高低。但是我们的这种认识是不合理的。乔治敦大学的学生在智力测验的绝对值上可能没有哈佛大学的学生高，但是我们从上面所列的内容中可以很清楚地看到，两所学校的学生同样聪明，诺贝尔奖得主不仅来自哈佛大学，也可能来自乔治敦大学。

心理学家巴里·施瓦兹（Barry Schwartz）曾经发起倡议，建议名牌大学放弃统一的入学考试，通过摇奖的方式在符合条件的申请者中确定入学者名单。“我认为大学应该仅把学生分为两类，”施瓦兹说，“符合要求的和不符合要求的。符合要求的进入摇奖池，不符合的退出。”施瓦兹承认这种建议的可行性不高。但是，他的建议绝对正确。这正如赫德森在其著作中所写的（请不要忘记，他的研究对象是 20 世纪 50 年代到 60 年代英国顶尖男生寄宿学校的学生），“仅靠智商很

① 上述所列内容很清楚地表明，哈佛大学的诺贝尔奖得主的确比其他学校的多。哈佛大学在上述所列内容中总计出现 3 次。圣十字学院只出现过 1 次。但是像哈佛大学这样的学校理应产生更多的诺贝尔奖得主，毕竟哈佛大学是有史以来资金最雄厚、最有声望、拥有最优质生源的学校。

难区分两个聪明孩子”。①

让我再举一个“门槛效应”的例子。与美国其他精英学校一样，密歇根大学法学院在招收有特殊背景的学生时会有一些政策上的照顾。该校法学院每年会招收大约 10% 的少数族裔学生，对他们的招收条件和入学分数会适当调低——约低于均分的 3%。如果将少数族裔和非少数族裔学生的学习成绩进行比较，很明显，白人学生更优秀。这并不奇怪：如果这些白人学生的入学成绩更高，那么他们的在校学习成绩也会相应较好。这也是平权行动备受争议的一个原因。实际上，美国高等法院正就密歇根大学的平权行动引发的问题进行讨论。精英学校招收资质差的学生让许多人感到不快。

多年以前，密歇根大学就法学院少数族裔毕业生的就业情况进行过调研。[5] 调研内容包括收入水平、职位、对职业的满意度、对社会与社区的贡献度、获得社会认可程度等，这些指标都是社会公认的成功的标准。调研结果令人吃惊。

“我们了解到，少数族裔学生中的大多数人毕业后过得十分不错。”作为密歇根大学调研报告作者之一的理查德·兰伯特说，“我们本来以为会有一半，甚至 2/3 的学生发展得没有他们的白人同学好。

---

① 为了进一步说明常春藤大学入学制度之不合理，在此举统计数据为例。2008 年，全世界有 27 462 名优秀的高中毕业生申请哈佛大学。在这些学生中，有 2 500 人 SAT 考试阅读部分得 800 分（满分），3 300 人 SAT 考试数学部分得满分，超过 3 300 人是其所在学校的第一名。哈佛大学当年招收了多少新生？约 1 600 人，也就是说 93% 的申请者被拒。你能分清申请者中谁适合在哈佛大学里读书，谁不适合嘛，特别是两个一样优秀，起码分数一样高的孩子？你当然分不清。在决定谁能入学的问题上，哈佛大学的决定有失公允。施瓦兹是对的，他们应该采取摇奖入学的方式招收新生。

但是，结果完全出乎我们的意料。我们发现他们发展得和白人学生一样好，我们没有发现他们和白人学生有任何区别。”

兰伯特的叙述所依据的是法学院唯一关注的标准——毕业生的现实生活情况，其结论是：少数族裔学生一点儿都不比白人学生差，他们和白人学生一样优秀。为什么？原因是，尽管法学院少数族裔学生的入学成绩比白人学生稍低，但是他们依然足够聪明，能达到入学的基本门槛。也就是说，仅靠法学院的入学成绩很难区分两个差不多聪明的学生。

充满想象力的心灵

让我们对“门槛效应”这个概念进一步进行探讨。既然智力因素仅在某种程度上发挥了作用，那么超越这一程度以后，当智力发挥不了作用的时候，另外一些因素就开始发挥作用了。这又有点儿像打篮球：一旦你的身高足够高，人们就开始关注你的速度、球感、灵活性，以及球技和投篮的准确性了。

那么，另外一些因素是哪些因素？现在，我不再让你做智力测试题了，我会让你做另外一种完全不同的测试。

请看下面两件物品，并尽可能多地写出它们的不同用途：

1. 砖块
2. 毛毯

这是一道所谓的“发散性思维测试”（这与瑞文标准推理测验是不同的。那类智力测试要求你将可能性分类，排除其他可能性，并努力找到唯一的答案，属于收敛性思维测试）。发散性思维测试要求你运用想象力，寻找尽量多的不同的可能性。在这类测试中，不存在唯一的答案，测试的目的是测出你所能提供的答案的数量和独特性，测试分析的不是你的智力，而是你的创造力。发散性思维测试和收敛性思维测试一样具有挑战性，如果不信，你可以试试这个“砖块—毛毯”测试。

下面是利亚姆·赫德森得到的关于“物品用途”的答案。答题者是英国顶级中学的一名学生普尔。

砖块：入室抢劫；盖房子；俄罗斯轮盘游戏[①]（10 步以外，拿砖的人转圈并扔出砖，其他人不许躲）；系在鸭绒被四角当坠子；砸扁可口可乐空瓶罐。

毛毯：作为床上用品使用；在野外偷情时可以遮羞；点燃后冒烟作为信号；做帐篷用；做船、马车或雪橇的帆；当毛巾用；近视的人进行射击练习时的靶子；接住从失火大楼跳下来的人。

我们通过答案可以对普尔的具体思路有个大致了解。他很有趣，有颠覆性，也有点儿好色，具有某种引人注目的天资。他的点子从暴力，跳跃到性，再跳跃到从失火大楼里逃出来的人，竟然还有系在鸭

① 原版的俄罗斯轮盘是一种自杀式游戏。参与者会在左轮手枪的弹巢中放入一颗或多颗子弹，之后将子弹盘旋转，然后关上。参与者会轮流把手枪对着自己的头，按下扳机，直至有人中枪，或不敢按下扳机为止。——译者注

绒被四角当坠子——他的想法都是一些具体、形象的事物。如果再给他一些时间，他肯定会再多想出 20 种用途来。[①]

现在，作为对照，我们看看另一个叫弗洛伦斯的学生的答案。赫德森介绍说弗洛伦斯是个神童，是他们学校智商最高的学生。

砖块：建造物体；投掷。

毛毯：保暖；灭火；绑在树之间并睡在上面（像吊床一样）；做担架。

弗洛伦斯的想象力到哪里去了？他仅仅指出砖块和毯子最普通、最常用的功能，然后就没下文了。弗洛伦斯的智商比普尔高，但在这里似乎不起作用，它只能说明两个学生都有资格进入顶级中学读书。让我们感兴趣的是，为什么普尔的想象能从暴力跳跃到性，再跳跃到从失火大楼里逃出来的人，而弗洛伦斯却不能？现在请设想一下：他们两个人中，哪一个更有可能成为富有创造力的诺贝尔奖得主？

这正是圣十字学院也能像哈佛大学一样出诺贝尔奖得主的另一个原因。因为哈佛大学挑选学生从来不依据“砖块用途测试”——实际上，“砖块用途测试”很可能是潜在诺贝尔奖获得者的试金石。这也正是密歇根大学法学院没有发现受特殊政策照顾的学生和其他学生之

---

① 下面是另一个学生的答案，可能比普尔的好一点儿。

砖块：入室抢劫；测量井的深度；当武器；当钟摆；当雕刻坯子；砌墙；证明阿基米德定律；榔头；门挡；鞋擦；打碎了铺路；楔子；砝码；垫桌子；镇纸；堵兔子洞。

间区别的另一个原因。一个成功的律师需要的是比智商更重要的许多其他特质，其中就包括像普尔脑子里那样丰富多彩的想象力。这也说明，密歇根大学少数族裔学生即便入学成绩稍稍落后，也不意味着他们不具备其他方面的长处。

事与愿违的试验结果

特曼错了。他过于固执地推崇处于智力金字塔尖上的“特曼人”（在 1% 的佼佼者中精选出来的 1%），而忽略了一个事实——智力在现实中的作用并没有那么大。

等到“特曼人”成年后，特曼结论的谬误性就显现出来了。这些天才少年长大后有几个后来出了书，发表了文章，或在商业方面获得了成功；另外几个担任公职，其中有两个担任高等法院法官，一个担任市法院法官，还有两个在加利福尼亚州议会供职，最出色的一个在州一级政府担任高官。但是，在“特曼人”中很少有全国知名的人士。他们的收入还算可以，但并不属于高薪。他们中的大多数人的工作只能算是普通，其中一个人的工作经历即便按照特曼自己的标准来说也算是完全失败的。这些被挑选出来的天才最终没有一个成为诺贝尔奖获得者。实际上，特曼的调查组当年也测试过两个小学生——威廉·肖克利（William Shockley）和路易斯·阿尔瓦雷茨（Luis Alvarez），他们后来成为诺贝尔奖得主。但是，当时他们两个都没有被选中，因为他们的智商“不够高”。

社会学家皮季里姆·索罗金（Pitirim Sorokin）在一篇犀利的批评

文章中写道，如果特曼当年随机选取和“特曼人”有相同背景（摒除智商因素）的学生作为观察对象的话，多年以后，这些学生的成就可能跟他精挑细选出来的“特曼人”差不多。“如果没有想象力或其他天赋条件，”索罗金说，“所谓的‘天才群体’也只不过是一个‘有天赋的’群体。”当特曼出版第4卷《天才基因的研究》时，“天才”一词几乎从他的表述中消失了。“我们发现，”特曼带着失望总结道，“智力与成就之间并不是真的有那么大的关联性。”[6]

我在本章开头介绍的克里斯托弗·兰根的超常智力，与他在社会中能否成功没有多大关系。是的，他有一个万里挑一的大脑，16岁就能读懂《数学原理》，他说话清晰而有逻辑，抑扬顿挫且富有感染力。但是，然后呢？如果我们想了解他能否成为真正的“异类”，我们还需要知道他生活中更多的故事。

4

社交与家庭：天才兰根的忧伤

有的孩子从一开始就知道该如何获得自己想要的东西。

令人心碎的天才命运

兰根的母亲是旧金山人，她跟家里的关系不好，很小就离家出走了。她一生有 4 个儿子，每个儿子都是她和不同的丈夫生的，兰根是最年长的一个。兰根的父亲在兰根出生前就失踪了，据说后来死在墨西哥。兰根母亲的第二任丈夫是被谋杀的，第三任丈夫自杀身亡，第四任丈夫叫杰克·兰根，是一个事业失败的新闻记者。

“时至今日，我都从未遇到过童年境遇比我们更悲惨的人。”克里斯托弗·兰根说道，“我们没有一双成对的袜子，鞋上都是窟窿，裤子上也全是补丁。我们每个人只有一套衣服。我记得那时候我和弟弟们洗衣服要去浴室，我们用浴缸洗衣服，洗衣服的时候只能光着身子，因为我们没有其他衣服可以穿。”

兰根的继父杰克·兰根常常酗酒，他在去喝酒前，会先把厨房门锁上，为的是防止孩子们偷吃东西。他用拳头让孩子们听他的话。他找过几份工作，然后又一而再，再而三地失业，他们全家也在这一过程中不断地搬家。有一年夏天，他们全家住在印第安人居留地的帐篷里，靠政府分发的黄油和燕麦度日。又有一阵子，他们住在内华达州的弗吉尼亚城。“镇上只有一位司法人员，要是有江洋大盗来到这里，他根本就毫无办法。”兰根的弟弟马克回忆道，“那里有一家酒吧，到现在我还记得它的名字，叫‘一桶血酒吧’。”

等孩子到了上学的年龄，兰根一家又移居蒙大拿州的波兹曼了。在那里，兰根的一个弟弟去了寄养家庭一段时间，另一个弟弟则被送进了少年教养所。

“我认为当时的学校根本没注意到兰根的天赋。”兰根的弟弟杰夫说，“他根本没从学校得到过任何帮助。那时的波兹曼跟现在不一样，在我们小时候，波兹曼只是一个乡下小镇。我们在那里的境遇很糟糕，邻居把我们当成游手好闲的流民。”为了维持自己和弟弟们的生活，兰根开始挑起生活的重担。兰根 14 岁那年，有一次继父又对孩子们动粗——这是他常干的事，小兰根奋起反抗，差点把继父打死。之后继父就走了，从此再也没回来。

中学毕业的时候，兰根获得了两所学校的全额奖学金，一所是俄勒冈的里德学院，另一所是芝加哥大学。他最终选择了里德学院。“这是一个严重的错误。”兰根回忆道，“我和那所学校格格不入。我是一个在农场干活的乡下小子，而我的同学全是留着长发的城里人，很多都来自纽约。他们的生活方式跟我完全不同，我和他们在一个班，却连话都插不上。他们喜欢管闲事，总有没完没了的问题。我被安排在一个 4 人宿舍里，其他 3 个同学的生活跟我完全不一样。他们在宿舍里抽大麻，把女朋友带来过夜。我以前从来没抽过大麻，所以，我基本上只能躲进图书馆。”

他继续说道：“后来，我的奖学金也泡汤了……我妈妈本来每年都要填一份奖学金申请表，表上其中一项是父母的经济状况，她从来都搞不清楚这些表格的内容，那次她就忘了填上这一项。直到后来，我上一期奖学金用完了，仍未见下一期的奖学金到账，就去学校的办公室问这是怎么回事，他们便告诉了我原因——‘你的父母没寄来财务状况表，现在奖学金早已经分配完了，所以恐怕这学期你无法领到奖学金了。’这就是那所学校的行事方式——事不关己，高高挂起。他们根本不关心学生，没有辅导，没有提醒，什么都没有。”

他在毕业考试前离开了里德学院，走的时候他成绩单上的成绩是F，而他入学时登记的成绩是A。他回到了波兹曼，在一个建筑工地找了一份工作，后来他又去了森林消防队。工作一年半后，他考进了蒙大拿州立大学。

“我在那里学习数学和哲学。”他回忆道，“有一年冬季学期，我住在离小镇13英里的海滨山大道上。我的汽车变速器坏了，这是我的弟弟们那年夏天弄坏的。他们在铁路边工作，所以经常在铁轨上开车。我没钱修车，所以就去找指导老师和系主任。我对他们说，我遇到了困难，我车子的变速器坏了，我每天的两节课分别是在上午7点半和8点半，所以如果您能帮我把课调到下午，我将不胜感激，住在我家隔壁的农场主每天上午11点可以把我送到学校。我的指导老师留着八字胡，穿着粗花呢外套，外形很像一个牛仔。他说：‘哦，我的孩子，我看了你在里德学院的成绩单，我认为你有必要品尝一下每个求学者都必定要经历的艰辛。我拒绝你的请求。’在系主任那里，我得到的答复也一样。”

他开始变得激动起来——这些都是30年前发生的事了，但他在讲述的时候依然面露愠色。“在那一刻我忽然明白了：尽管我竭尽全力赚钱回到校园，时值冬季，我甘愿每天不辞劳苦搭车进城，为了能重返学校我愿付出一切代价，但是他们却不愿为我做任何事情。这简直太糟糕了。从那一刻起，我暗下决心，我要离开所谓的高等教育体系，我要自学。即便我可能因此而一事无成，我也很难有心情再上什么大学了。所以我退学了。事情就是这么简单。”

克里斯托弗·兰根在里德学院和蒙大拿州立大学的经历成为他一生的转折点。一直以来，他都梦想成为大学教授。本来他应该可以轻松获得博士头衔的，因为大学在很大程度上就是为有好奇心、善于思辨的人建立的。“他刚进大学时，我认为他一定能成功，我真是这么想的。”他的弟弟马克说，“我想他起码会在学校找到一份教职工作。我对于他的退学决定真的没有任何心理准备。”

由于没有学位，兰根只能在现实生活中苦苦挣扎。他在建筑工地做过苦力；在寒冷的冬季，他在长岛的捞蚌船上作业；他还在工厂做过一些层级较低的文职工作；最后，他成为长岛一家酒吧的保镖。这些工作占据了他成年以后的大部分时间。虽然经历了这一切，他依然没有放弃研究哲学、数学和物理。目前他正在写一部理论著作，研究项目规模浩大，他称之为“CTMU”——“宇宙的理论认知模型”（Cognitive Theorectic Model of the Universe）。但是因为没有文凭，他已经对向学术期刊投稿不抱任何希望了。

“我是一个只上过一年半大学的人。”他耸耸肩说道，“这一点经常会引起一些编辑的注意，他们会把论文交给主编。主编会去调查我的学术背景，但他们找不到我的任何正规教育背景，于是他们就说，‘这家伙只上了一年半大学，他能搞清楚自己在说什么吗？’”

这是一个令人心碎的故事。我曾经问兰根，假如他能得到哈佛大学提供的工作机会，他会不会去。“好吧，这是个不好回答的问题。”他说，“假如我能当上哈佛大学的教授，我会受人尊敬，我的思想会被人们重视。我可以利用哈佛大学的职位和声誉推广自己的观点。这样的学校是知识分子的智慧源泉，如果我在哈佛大学供职，我会把握好每一次灵光乍现的机会。”说到这儿，我忽然意识到兰根的人生是多么孤寂。他对知识的渴求没有止境，他终年沉浸在智力活动之中。“即便我的大学生活不足一年半，我到现在也能感受到学习带给我的能量。”他满怀虔诚地说，“智慧对我的召唤从未止息，那是一片令我神往的圣地。”

“但是从另一个角度来看，”他继续说道，“哈佛大学就像一家学术公司。既然是公司，它就要获利，就要使资产增值。哈佛大学接受的资助有数十亿美元，运营这家‘公司’的人并没有必要非得追求真理和知识。他们想成为大亨。当你从他们那里领取薪水时，你就必须放下尊严，在你想做的、你认为正确的事与你的老板让你做的事之间做出选择。如果你还想保住工作，你就必须向现实屈服。在那里你必须听他们的，他们让你做什么你就必须做什么。”

另一位天才的命运

兰根的故事告诉了我们什么？说实在的，这个令人心碎的故事听起来有些让人难以理解。母亲没有填好奖学金申请表，他就没有奖学金了；他想把课从上午调到下午（这样的事在学校司空见惯），在遭到拒绝后他就因此不再上学了。为什么里德学院和蒙大拿州立大学对他的疾苦置若罔闻呢？老师本应喜欢像他那样聪明的学生。当兰根谈到他与里德学院和蒙大拿州立大学的交涉时，学校在他的口中好像成了官僚主义盛行的政府衙门。但是像里德学院这样的文科院校，应该不会有那样的官僚作风才对。通常的情况是，教授为了留住学生，总是会想尽办法帮学生申请各类津贴。

甚至在谈到哈佛大学时，兰根也好像是一个对其文化完全没有概念，特别是对他谈论的这所学校毫无概念的人。“他们想成为大亨。当你从他们那里领取薪水时，你就必须放下尊严，在你想做的、你认为正确的事与你的老板让你做的事之间做出选择。如果你还想保住工作，你就必须向现实屈服。”事实根本不是这样的。教授们之所以愿意放弃高薪的私人企业而选择学校，就是因为学校可以给他们很大的自由，让他们做自己想做的事。兰根可把哈佛大学给想歪了。

倾听兰根讲述自己一生遭遇的时候，我不禁想起了罗伯特·奥本海默（Robert Oppenheimer）。[1] 奥本海默是“二战”时期的一位美国著名物理学家，他是人类第一颗原子弹项目“曼哈顿计划”的带头人。据说，奥本海默童年时代的智力程度与兰根小时候相当。他的父母在他小时候就知道他是个神童。他的一位老师回忆道：“他能近乎完美地理解所学的一切东西。”奥本海默三年级时就可以独立做实验了，他五年级时自学物理、化学，9岁时对自己的表兄说：“用拉丁语问我问题，我用希腊语回答你。”

奥本海默从哈佛大学毕业后到剑桥大学攻读了物理学博士学位。在那里，他经历了他一生中最失意、最消沉的一段日子。他的兴趣点是理论物理，而他的导师帕特里克·布莱克特（Patrick Blackett，1948年诺贝尔奖获得者）却要求他在他最讨厌的实验物理的细节上下功夫。奥本海默的脾气变得越来越暴躁，最后发展到令人难以理解的地步：他从实验室偷来化学制剂，准备毒死他的导师。

幸亏布莱克特发现了一些苗头并将此事举报到学校，最后事情败露，奥本海默被叫去接受校方讯问。这件事情的结局与这件事情本身一样令人费解。下面是凯·伯德和马丁·舍温为奥本海默所写的传记《美国的普罗米修斯》（*American Prometheus*）中对这件事的描述：“经过长时间协商，奥本海默被判缓刑，同时定期接受心理治疗。”

缓刑？

我们看到了两个年轻的学生，他们在各自的大学生活阶段都陷入了麻烦之中。兰根的母亲忘记将财务状况表寄到学校，从而错过了为他申请奖学金的最后期限，奥本海默则企图毒死自己的导师。他们要想继续学业都必须与校方协商。那么结局又是怎样的呢？兰根放弃了学业，奥本海默则同意接受心理治疗。奥本海默和兰根同属天才，但从另一个层面上讲，他们又有天壤之别。

奥本海默20年后被委任为曼哈顿计划的首席科学家，这大概就是他们之间差异的最好例证。曼哈顿计划的负责人莱斯利·格罗夫斯少将为实施原子弹计划寻遍美国，最后选定奥本海默，这其实是冒了很大的风险的。当年，奥本海默 38 岁，他比该项目中的许多人的年龄都小；他是一名理论物理学家，而曼哈顿计划却需要将实验物理学和工程学专业相结合；他的政治倾向可疑；更重要的是，他没有任何管理经验。“他其实是一个很不切实际的人。”奥本海默的一个朋友后来说，“他会戴着一顶滑稽的礼帽，穿着磨坏了的鞋子四处逛。问题是，他对实验设备一窍不通。”另一位和他熟识的科学家对他的评价更直接：“他连一个汉堡摊也开不起来。”

哦，我想顺便提醒一句，他读研究生时曾谋杀导师未遂。他带着这样一份简历却要应聘——毫不夸张地说——20 世纪最重要的工作。结果怎样呢？ 20 年前发生在剑桥大学的一幕再次上演：他成功地促使事情朝着他所希望的方向发展。

下面是伯德和舍温在传记中的描述：“奥本海默得知，格罗夫斯少将在选择曼哈顿计划首席科学家时慎之又慎，于是，他开始展开魅力攻势，显示自己的才干与天分。这种攻势势不可当。”格罗夫斯“中弹”了。“‘他的确是个天才，’格罗夫斯后来对记者说，‘一个真正的天才。’”格罗夫斯是一个麻省理工学院毕业的工程师，奥本海默对于原子弹项目的宏大构想使格罗夫斯产生了强烈共鸣。伯德和舍温在传记里继续写道：“奥本海默是格罗夫斯见的第一位候选科学家。奥本海默十分理解建造原子弹是一项规模浩大的跨学科工程……当奥本海默提出为了实现跨学科协同工作应当建立中心实验室时，格罗夫斯不住地点头，他们二人对此颇有共识：‘我们可以着手统一解决至今还没得到足够重视的化学、金属冶金、工程和军械制造方面的问题。’”

假如奥本海默处在兰根的境况之中，他会失去里德学院的奖学金吗？他是否也会同样无法说服教授把课程从早上调到下午？当然不会。这并不是因为他比兰根更聪明，而是因为在如何从社会中获得想要的东西方面，奥本海默具有某种特别的悟性。

“他们要求每个学生都从学微积分入门。”兰根在回顾他在蒙大拿州立大学短暂的学业生涯时说，“教我们的老师的课既乏味又无聊。我不明白他为什么要那样讲课。所以我总是提问，实际上我常去他的办公室提问。我问他：‘您为什么这样上课？您怎么会选择这些练习当微积分习题？’这个老师又高又瘦，腋下衣服总是有汗渍，他转身直直地盯着我说：‘有些事情你要明白，不是每个人都有成为数学家的天赋的。’”

这就是教授与天才的故事。天才的本意是想让教授明白，自己对数学的钟爱跟教授对数学的钟爱一样强烈。但是，天才失败了。实际上——这也是最令人难过的地方——兰根努力想对微积分教授说清楚问题，但却没能与教授谈论最可能使其感兴趣的问题。结果，这位教授最终没能通过跟兰根对话感受到他在数学方面具有的天赋。

实践智力从哪里来

有这样一种特殊技能，它能让你说服教授把课从上午调到下午，能让你在辩解一宗谋杀案时振振有词。心理学家罗伯特·斯滕伯格（Robert Sternberg）称之为“实践智力”。[2] 斯滕伯格的实践智力包括“知道该向什么人说什么话，该在什么时候说，怎样说才能达到最好的效果”。这种技能更像是一种程序化概念：知道如何做某事，而不需要知道为什么知道，也不需要解释为什么。这种技能本质上是一种实践能力：这不是关于如何辩解的知识，而是帮你正确了解形势从而获得你想得到的东西的知识。准确地说，这是一种与智商测试所考查的逻辑分析能力完全不同的能力。用技术术语来说，就是普通智力与实践智力“相互垂直”：一方存在不代表另一方也存在。你可能有很高的逻辑分析能力，却缺乏实践智力，也有可能有很高的实践智力却没什么逻辑分析能力，或者——也可能如同奥本海默一样幸运——这两种能力都很强。

实践智力从何而来呢？我们现在已经知道逻辑能力从哪儿来了，逻辑能力起码有一部分来自基因。兰根 6 个月大时开始说话，3 岁时自学阅读，这是天生的能力。智商测试所测量的，在某种程度上说，就是天生的能力。① 但是，社交常识是一门学问，是一系列可以习得的技能。我们获得这类技能的场所是家庭。

也许对于这个问题最好的解释出自社会学家安妮特·拉里奥（Annette Lareau）。[3] 几年前，拉里奥的科研小组对三年级学生开展了一项有趣的研究。这些学生中既有黑人也有白人，既有来自富裕家庭的孩子也有来自贫穷家庭的孩子，拉里奥最终选定了 12 个家庭。拉里奥和她的研究小组对每个家庭都进行了不下 20 次的走访。为力求真实地表现一切，她要求受访者就当调查人员不存在。研究人员一手拿着录音机，一手拿着做记录的本子，跟着这些家庭去教堂做礼拜，看球赛，或是去诊所就医。

---

① 很多研究结果显示，在决定智商的因素中，有一半源自基因。

你可能会想，如果花了那么长的时间观察 12 个家庭，肯定会发现 12 个家庭有 12 种不同的教育孩子的方式：对孩子严格；对孩子宽容；常与孩子互动；在孩子面前沉稳持重等。然而，拉里奥的发现却会与你的想象大相径庭：这些家庭中只存在两种教育孩子的方式，这两种不同的方式是通过阶级状况划分的。家境富裕的父母在教育孩子时采用一种方式，家境贫寒的父母在教育孩子时则采用另一种方式。

家境富裕的父母总是让孩子一刻也不能闲着，让孩子穿梭于各项活动之间，并听取孩子对老师、教练或是队友的评价。拉里奥跟踪的一个富裕家庭的孩子在一个夏天的时间里参加了一支棒球队、两支足球队、一支游泳队，还有一支篮球队，并且同时在管弦乐队和钢琴班学习。

而穷人家孩子的生活中完全没有这种紧张的时间安排，他们的活动不会是每周两次足球训练，而是和亲戚或者邻居家的孩子在外面玩耍。蓝领父母们认为，孩子们的活动是成人世界之外的活动，无足轻重。一个来自蓝领家庭的女孩儿——卡蒂·布林德尔——参加了一个唱诗班，但她是自己报的名，并且是自己走着去唱诗班上课的。拉里奥写道：

> 布林德尔夫人没有像中产阶级母亲那样，一发现女儿在唱歌方面的兴趣就想办法帮她把兴趣发展成特长，她也没有和女儿讨论其在戏剧方面的兴趣，也没有因为负担不起把女儿的兴趣发展成特长的成本而向女儿表达歉意。相反，她把女儿卡蒂的技能与兴趣看成其性格的特征——爱唱歌和表演是卡蒂自身的特点。她把卡蒂的表现看成是“可爱的”，是女儿为了“引人注目”所做的努力。

中产阶级父母总是和孩子商量事情，晓之以理，他们不会下达硬性命令。他们希望孩子与他们顶嘴，和他们讨价还价，并站在成人的角度问他们问题。孩子如果在学校表现不佳，富裕家庭的父母总会责备老师，他们总站在孩子这一边。拉里奥跟踪研究过一个富裕家庭的女孩儿，因为她错过了进超前班的机会，孩子母亲就想方设法让孩子补考，给学校递申请，最后让女儿如愿进了超前班。而贫困家庭的家长总是慑于学校和老师的权威，行事消极，停滞不前。拉里奥是这样描述一个低收入的母亲的：

> 在家长会上，麦卡利斯特女士（只有高中学历）表现得十分低调。她平时善于交际、为人开朗，但在这种场合，她的性格却隐藏了起来。她弓着腰坐在椅子上，将上衣拉链拉到顶。她非常安静。当老师告知她哈罗德的家庭作业还没交的时候，麦卡利斯特女士表现得十分吃惊，但是她只是说："他在家做了作业。"她没有继续问老师其他情况，也没有帮哈罗德辩护什么。在她看来，儿子的教育应由老师来负责。这是老师的工作，不是自己的。

拉里奥把中产阶级父母对孩子的教育风格称为"协同培养"。这种模式倾向于"发掘孩子的天分，培养孩子的主动性和技能"。她将低收入家庭对孩子的教育策略称为"自然成长"。这些家长只把抚养子女成人看作自己的责任，而把孩子的成长与发展看作孩子自己的事。

拉里奥强调，一种模式并不一定优于另一种模式。在她看来，家境贫寒的孩子更懂得守规矩，更少发牢骚，在如何利用自己的时间上更有创造力，有很强的独立性。然而，协同培养模式带来的好处更多。富裕家庭的孩子的活动表总被安排得满满的，他们经常穿梭在各类活动中。在这些活动中，孩子们学会了与他人协作完成任务，学会了在复杂的组织结构中应付自如。他们还学会了如何舒服地与成年人打交道，在必要的时候清晰地表达自己的观点。用拉里奥的话说，中产阶级的孩子最终形成了“权利”意识。

“‘权利’意识”这种说法在当年含有贬义，但在拉里奥的字典里却是褒义的：“这些孩子的行为表明，他们认为自己有权提出自己的特殊要求，有权参与制度互动。他们在各种情境中更加自如，愿意分享信息，并希望赢得别人的关注……通过互动来满足自己的偏好是中产阶级子女的一贯做法。”他们对游戏规则很熟悉。“中产阶级家庭的孩子虽然才上四年级，但已经能站在维护自己利益的基础上行事了。他们要求老师或医生调整办事程序以满足自己的需要。”

相比而言，低收入家庭孩子的性格被认为是“疏离、疑虑和有强迫症倾向的”。无论在什么环境下，他们都不知道如何“为实现良好愿望而制定策略”（拉里奥的绝妙用词）。

拉里奥描述了一个 9 岁小男孩儿亚历克斯·威廉和他的母亲克里斯蒂娜去看医生的例子。威廉的家境非常优越。

“亚历克斯，你要想想待会儿问医生什么问题。”克里斯蒂娜在开车去诊所的路上对儿子说，“你可以问医生任何你想问的问题。别害羞，你可以问任何问题。”

亚历克斯想了一分钟，说：“我用了除臭剂以后胳膊下面起了疙瘩。”克里斯蒂娜：“真的？你是说用了除臭剂以后？”亚历克斯：“是的。”克里斯蒂娜：“好的，你待会儿可以问问医生这是怎么回事。”

拉里奥写道：“亚历克斯的母亲正在鼓励儿子畅所欲言。”即便亚历克斯马上要见的是一位有权威的年长男性，他也要勇敢地维护自己的权益。随后，他们见到了医生，一位40多岁的男性。医生告诉亚历克斯，他的身高高于95%的同龄孩子。亚历克斯马上打断了他：

亚历克斯： 我怎么了？

医　　生： 我的意思是说，你比95%的10岁小朋友个子高。

亚历克斯： 我还不到10岁。

医　　生： 是吗，他们在表格上写你已经10岁了。你现在9岁10个月。人们在计算年龄的时候常把人算入其目前最靠近的那个年龄段。

看看吧，亚历克斯是多么自然地打断医生的讲话的——“我还不到10岁。”这是因为刚才他在路上得到了母亲的鼓励，他母亲鼓励他在必要时抛开礼节，因为母亲想让儿子学会在权威面前如何维护自己的权益。

医　　生： 体检前你还有没有其他问题想问？

亚历克斯： 嗯……只有一个问题。我胳膊下面有些疙瘩，就在这儿（指着腋下）。

医　　生： 在下面？

亚历克斯： 是的。

医　　生： 好的。待会儿做检查的时候我会仔细看看，看看到底怎么回事。这些疙瘩是疼还是痒？

亚历克斯： 不疼也不痒，只是有疙瘩。

医　　生： 好的。我会仔细检查这些疙瘩的。

拉里奥说，这些看似简单的互动不会发生在家境贫寒的孩子身上。他们会非常安静，眼睛害羞地看着别处，表现得十分顺从。而亚历克斯却掌控着和医生交流的整个过程。“他提出事先准备好的问题，完全吸引了医生的注意力，让医生解决他选定的问题。”拉里奥写道：

> 通过这么做，他成功地将与成人的均势状态转向有利于自己的一面。这种转换十分流畅。亚历克斯一向能够得到别人的尊重。他被看作一个独特的孩子，成年人往往会对他予以特别的关注。这就是在协同培养中形成的主要性格特征。亚历克斯在体检的时候并没有什么刻意为之的表现，他就好像在父母面前时一样放松——争辩、商量，甚至在开玩笑时也一样放松。

了解这些能力是从哪里得来的十分重要。这并非遗传原因：亚历克斯并不会像从父母那里遗传眼睛颜色一样，遗传到与权威人士打交道的技巧。这也并非种族差异：这种能力不会特别倾向黑种人或者白种人。实际上，亚历克斯是黑人，而布林德尔是白人。这些能力来自文化优势。亚历克斯具有这些能力，是因为从他的孩童时代开始，父母对他就事无巨细，言传身教，让他明白社会中的游戏规则，并鼓励他去实践，即便是在去医院的路上也不放过演练的机会。

拉里奥认为，这就是我们所说的阶层优势。亚历克斯比布林德尔更优越，因为亚历克斯家境富裕，他能上更好的学校，同时他（这也许是最关键的区别）从小就被灌输“权利”意识，而这种意识能使他在未来更好地适应社会。

协同培养的典范

这正是奥本海默具有而兰根缺少的优势。奥本海默从小在纽约曼哈顿富人区长大，父亲是一个成功的服装商人，母亲是一位画家。他的童年经历可以称得上是“协同培养”的典范。一到周末，奥本海默便由专职司机开车被接到郊外别墅，暑假他则会到欧洲去看望祖父。他就读于中央公园西道的民族文化中学——这所学校可能是全美最先进的学校。奥本海默的传记作家写道，那里的学生“被教导要以改造未来世界为己任”。当数学老师意识到奥本海默上数学课已开始感到乏味时，他就给这名学生单独布置了适合他水平的作业。

奥本海默小时候热衷于收集岩石标本。他 12 岁时就开始与地质学者探讨中央公园岩石的形成问题了。奥本海默给众人留下了深刻的印象，最后，他被纽约矿物学会邀请做主题演讲。在舍温和伯德的书中，父母对奥本海默兴趣的回应完全可以被列为“协同培养”的经典案例：

一想到是在成年观众面前演讲，奥本海默就十分紧张，他让父亲向矿物学会一再确认他们邀请的是一个12岁的男孩儿。朱利叶斯被逗笑了，他鼓励儿子勇敢地接受荣誉。演讲当天，罗伯特与父母共同出现在现场，父母骄傲地向众人介绍自己的儿子J. 罗伯特·奥本海默。当演讲开始时，专业地质学家和岩石收集爱好者在震惊之余不禁大笑：因为人们不得不为他找个小木箱垫脚，这样众人才能看到小奥本海默的脸而不只是他在讲台后面时隐时现的头发。奥本海默虽然略显羞涩，但他还是念完了精心准备的讲稿，获得全场听众雷鸣般的掌声。

现在你明白奥本海默所展示出的完美处理各种挑战的能力源自何处了吧：如果你有一位能给你高屋建瓴的指导的父亲，你肯定明白紧要关头为自己谈判的价值；如果你从小在纽约的民族文化中学读书，你就不会因为一群剑桥大学的教授准备处罚你而束手无策；如果你在哈佛大学学过物理，你就会很容易与曾经在几个街区以外的麻省理工学院读工程学的陆军少校打交道。

而兰根在波兹曼的生活则贫乏无味，家中还有一个脾气暴躁、酗酒成性的继父。“杰克对我们兄弟几个都十分恶劣。”马克说，“所以我们对权威有本能的抵触。”这就是兰根从童年经历中获得的体验：权威靠不住，凡事靠自己。他的父母没有在去诊所的路上教他面对医生时该如何维护自己的权益，也没有教他面对权威时该如何争辩、如何协商。他没有学到过“权利”观念，他只明白什么是“强迫”。这看上去似乎是小事，但却成为兰根走出波兹曼，走向世界的障碍。

“我上学的时候也没法获得任何经济方面的援助。”马克继续说道，

“我们对那些程序一无所知，在这方面甚至可以说是一个白痴。我们不知道怎么申请——各种表格、支票簿，这些根本不是我们那个世界中的东西。”

“如果兰根生在富裕家庭，如果他的父亲在社会上广积人脉，我敢保证你会多听到一个 17 岁获得博士头衔的天才少年的传奇。”兰根的弟弟杰夫说，“这一切都是一个人的出生环境与文化背景决定的。兰根当年只能百无聊赖地坐在教室里，听老师讲他已经完全理解了的东西。如果有人能挖掘兰根的智商潜力，或者他能出生在一个知识分子家庭，他的人生就不会如此无聊了。”

协同培养与自然成长

“特曼人”成年以后，特曼将“特曼人”中的 730 名男性分成 3 组。其中表现最突出的 150 人（约占总数的 20%）被特曼编为 A 组。这些人获得了真正的成功，他们个个都是精英——有律师、医生、工程师和学者。A 组中有 90% 的人大学毕业，大学毕业的人中又有 98% 的人获得了硕士或以上学位。表现处于中等水平的 60% 的人被编为 B 组，这些人后来的发展也算“令人满意”。剩下的 150 人被编为 C 组，特曼认为，C 组的人没有发挥出自己的智力优势，他们中有的成了邮递员，有的成了手工记账员，有些甚至失业在家，无所事事。

C 组中有 1/3 的人从大学辍学，1/4 的人只有高中文凭。在 C 组的这 150 人中，曾几何时被众人视为天才的他们，只有 8 个人获得了硕士文凭。

A 组和 C 组的区别到底是什么造成的？特曼试图寻找各种可能的解释。他考虑了体质和心智健康的差别，考虑了“男性气质—女性气质”的差别，考虑了他们的业余爱好。他还详细比较了这些人开口说话和学会走路的年龄，以及他们在小学和中学时期的智商变化。最后，他终于发现，两组的根本差异在于：家庭背景。

A 组中的绝大多数人来自中产阶层和上层社会。这些人大多来自知识分子家庭，很多人家里都有大量藏书。A 组中有一半的人的父亲具有大学或大学以上文凭。请记住，在那个时代，大学文凭是非常稀罕的。而 C 组人的家庭环境却是另一种情况：有 1/3 的人的父亲在初中毕业的时候就辍学了。

特曼拜访了 A 组和 C 组的每一个人，专门评估了他们的个性与举止。研究结果显示，在“协同培养”原则下长大的孩子和在“自然成长”原则下长大的孩子的行为举止截然不同。A 组的学生更加机灵、沉着，他们衣着得体，富有吸引力。实际上，A 组和 C 组在这 4 个方面的差异极大，大到让人感觉两组人分别属于两个不同的人种。这一结果令人惊讶。人们可以清楚地看到，在父母的帮助下将最好的一面呈现出来的 A 组学生，与没有这样做的 C 组学生存在很大的区别。

特曼的结论令人沮丧，因为 C 组学生原本也是聪明绝顶的。他们在五六岁的时候头脑何等聪明，同时又对世界充满强烈的好奇心。他们曾经是真正的“异类”。[4] 特曼的研究结果表明，这些在下层社会家庭中出生的天才少年，最终几乎没有一个仅依靠自己的智力获得成功。[5]

C 组学生到底缺什么？其实他们缺的并不是什么昂贵的、难于找到的东西，也不是 DNA 的特殊编码或大脑神经的特殊构造。C 组所缺的，是我们只要知道都应该给予他们的东西：一个帮助孩子获得应对社会经验的社群。C 组学生的天赋都被浪费了，但是，事实上他们本不应该沦落至此。

如何避免悲剧重演

2013 年，克里斯托弗·兰根住在密苏里州乡下的一个牧马农场里。他几年前结婚后就搬到了这里。他已经步入老年了，但看上去却还很年轻。他有橄榄球后卫一般健康的体格，他的胸肌结实，肌肉发达，头发一根根梳在脑后。他留着干净而整齐的小胡子，戴着一副飞行员眼镜。透过他的目光，你依然能感受到他灼人的智慧。

“我的一天通常是从煮咖啡开始的。然后我会来到电脑前，继续昨晚的工作。”不久前他对我这样说，“我发现，如果我在睡前还有没解决的问题，我就会在睡前一直思考这些问题。我经常能在第二天想出答案。有时我能梦见答案，醒来时我还能清楚地记得那些答案。有时候我会产生某种灵感，那个时候我就会找张纸把它写下来。”

他正在研究语言学家诺姆·乔姆斯基的著作。他的研究涉及许多著作，他总是从图书馆借来这些书。“我总感觉，越接近经典原著，收获越大。”他说。

兰根似乎对他的现状很满意。他经营着一家农场，平时可以读他喜欢的书，还娶到一位好太太。这比他在长岛当保镖时的生活好多了。

“我不认为有人比我更聪明。”他继续说，“我从来没遇到过和我智力水平相当的人，或者理解能力相当的人。我从未见到过，我想未来也不会见到。我对各种可能都持开放态度。如果有人想挑战我——‘哦，我想我比你更聪明’，我愿意接受挑战。”

他说这话有自吹自擂之嫌，但其实不是。恰恰相反，他是出于一种防备心理才说的这句话。他已经在自己庞杂的思辨研究上花费了10多年的时间了，但至今他也没有为其研究结果发表只言片语，更不用说让物理学家、哲学家或数学家评判这些学说的价值了。兰根有一个万里挑一的大脑，但他至今都没有对这个世界带来什么重要的影响。他没有参加过学术研讨会，也不曾在著名学府引领学术研究，他仅仅是生活在密苏里州北部的一个牧马农场的，整天穿着T恤、牛仔裤，悠闲地坐在自家后院的普通人。他很清楚这一切是多么的不合理：这种生活与他的天资丝毫不符。

“我不想迎合主流出版社的口味。”他坦承道，“四处接洽出版社，找代理，和他们讨价还价……这些我都没做过，因为我对这些没兴趣。”

这其实等于承认了自己的失败。只要是他思维活动范围外的经历都以失败告终。他也知道为了能更好地与社会沟通，他需要更努力，但是他不知道该怎么努力。他甚至都不能成功地让微积分老师明白自己的良好愿望。有些事情，其他动脑筋较少的人反而能掌握得更好。因为，那些人在发展的道路上获得了帮助，克里斯托弗·兰根没有获得过这种帮助。这不是借口，而是事实。一直以来，兰根的努力都依靠个人奋斗，然而没有哪个摇滚巨星、职业球员或是软件业亿万富翁是仅依靠自己的努力就能最终获得成功的。

5

最佳时代：
乔·弗洛姆的律师生涯

与软件巨头都有一个最佳出生年份一样，纽约犹太律师也有一个最佳出生时间。

律师事务所之翘楚

乔·弗洛姆（Joe Flom）是美国世达律师事务所（Skadden, Arps, Slate, Meagher and Flom）唯一一位仍在世的“冠名”合伙人。[1]他的总裁办公室坐落在曼哈顿康泰纳仕大厦。弗洛姆个子不高，背稍微有点儿驼，他的头很大，一对招风耳十分显眼，蓝色的小眼睛藏在大号眼镜片后面。他现在身材瘦削，但在他事业顶峰的时候，他曾体重超标。弗洛姆走路时身体摇晃得很厉害，思考时会在纸上乱写乱画。他平时说话习惯咕哝，因而，一旦他迈出办公室来到大厅，整个事务所就会顿时变得鸦雀无声。

弗洛姆的童年正值美国经济大萧条时期，他小时候家住在布鲁克林区布朗公园附近。他的父母是中欧的犹太移民。父亲伊萨德曾在服装厂工会工作，后来去了女装厂做裁缝。母亲则在家接一些缝补衣服的活儿赚些零用钱。他们家的经济条件并不好。他小时候几乎每年都要搬家，因为那些年房东通常允许新房客免费试住一个月，只有充分利用不同房东的一个月免费试住优惠，弗洛姆一家才能勉强支撑下去。

上初中时，弗洛姆参加了汤森哈里斯中学的入学考试。这所学校坐落在曼哈顿列克星敦大街，建校40年间，先后培养出了3位诺贝尔奖得主和6位普利策奖获得者，1位最高法院大法官，还有作曲家乔治·格什温以及脊髓灰质炎疫苗的发明人乔纳斯·索尔克。弗洛姆考进了这所学校，从此，母亲每天早晨给他10美分买早饭——3个油炸面包圈、1杯橘子汁和1杯咖啡。放学后，他就在服装厂推小车赚零花钱。后来，他又在曼哈顿上城的城市学院读了两年夜校，白天则在外打工赚学费。再后来，他参了军。最后，他考入哈佛大学法学院。

“我6岁的时候就想学法律。”弗洛姆说。他没有学士学位，但哈佛大学法学院还是收了他。“为什么？因为我给他们写了一封信说明我的过人之处。”弗洛姆向来行事简洁，连这个回答也不例外。20世纪40年代末，弗洛姆在哈佛大学读书的时候从来不记笔记。“入学的第一年，班上所有学生都傻乎乎地在课堂上记笔记，课后列提纲、写摘要，最后还要用专门的本子工整地抄一遍。”弗洛姆当年的同学查尔斯·哈尔回忆道，“这是一般学生的学习方法，但弗洛姆从不这么做。他从不记任何笔记。他好像天生就有一种我们称为‘像法官一样思考问题’的能力。他在处理案件时总能充分运用这种能力。”

弗洛姆的名字被刊登在《哈佛法学评论》上——这是最优秀的学生才能拥有的荣誉。圣诞节是学生的求职季，弗洛姆到哈佛大学的第二年，参加了当时纽约最大的律师事务所的面试。“我当时是一个笨拙的胖小子，我在那些地方感觉浑身不自在。”弗洛姆回忆道，“那年求职季结束后，我成了班上最后两名没找到工作的学生之一。后来，我的一个教授告诉我，有些同学合伙开了一家律师事务所。我跟这些人见了一面。会面中，这帮同学一再告诉我，自己开事务所很有可能会面临没有客户的风险。他们对我说得越多，我就越喜欢他们。最后我说，无论如何，我都愿意承担风险。他们给我的起薪是每年 3 600 美元。”一开始，建立起世达律师事务所的创始人有 3 个：马歇尔 · 斯卡顿、莱斯利 · 阿普斯（两人当时刚被华尔街最大的律师事务所拒于门外）和约翰 · 斯莱特（一度在泛美航空公司工作）。弗洛姆成了他们的助理。他们在华尔街雷曼兄弟大厦顶层租了一个小套间作为办公室。“我们当时主要接哪种类型的案子？”弗洛姆笑着说道，“只要是上门的案子我们都接。”

1954 年，弗洛姆成为世达律师事务所的合伙人，这一时期，世达开始飞速发展。公司的律师人数很快达到 100 人，接着是 200 人。当公司雇员人数接近 300 人的时候，弗洛姆的一位合伙人莫里斯 · 克莱默找弗洛姆谈话。他觉得把哈佛大学法学院毕业的研究生招进公司让他有一种愧疚感，原因是现在世达的规模已经大到超乎想象，不可能继续扩张下去了，公司现有的许多雇员将很难获得被提拔的机会。弗洛姆则告诉他：“哈哈，我们公司的规模会达到 1 000 人的。”弗洛姆总是如此雄心勃勃。

2013 年，世达律师事务所在全球有 23 家办事处，律师近 2 000 人，公司每年赢利超过 10 亿美元，是世界上规模和影响力最大的律师事务所。弗洛姆的办公室里挂着他和老布什以及克林顿的合影照片，他的超豪华公寓位于繁华的纽约上东区，弗洛姆达到了人生和事业的顶峰。

在将近 30 年的时间里，如果你拥有一家世界 500 强企业，正准备收购一家公司，或者被一家公司收购，抑或你是社会名流，正巧碰上点什么麻烦，那么乔·弗洛姆将是你的代理律师，世达律师事务所将是你的代理律师事务所；如果他们还不是，那你会想尽办法请他们介入。

纽约移民区的故事

读到这里，我希望你已经能对这类故事在心中有个大概的了解了。聪明的移民后代克服了贫困和大萧条，即便不能在当时著名的律师事务所谋职，也能通过自己的智慧和努力获得成功。这是一个丑小鸭变白天鹅的故事。然而，通过冰球明星、软件业亿万富翁和“特曼人”的故事，我们知道成功总有其原因。成功人士不可能独自走向成功，他们总是特定地点和特定环境的产物。

就像研究比尔·乔伊和克里斯托弗·兰根一样，我们将用相同的方法分析乔·弗洛姆的成功因素。我们不去赘述弗洛姆的天赋、性格和雄心壮志，这三个方面他一个都不缺；我们也不准备渲染客户对他的溢美之词，对他天才工作的赞许，以及世达律师事务所创造的一个又一个传奇案例。

我将向你讲述发生在弗洛姆的成长环境——纽约移民区——中的几个小故事，其中包括法学院学生比克尔的故事，詹克洛父子的故事，还有波吉尼特夫妇的故事。借此我将回答本章的核心问题：乔·弗洛姆的机遇何在。“异类”似乎在其成功路上总能获得帮助，我们希望也能从弗洛姆的生存环境中找到帮助他成功的关键因素。

人们之所以爱听丑小鸭变白天鹅的故事，是因为这样的故事总少不了孤胆英雄与命运搏斗的过程。但是弗洛姆的生活经历使人产生的迷惑多于对他成功的顶礼膜拜，因为他生活中有许多因素——父母是贫困的服装厂工人，一家人生活在犹太人遭受严重歧视的时代，又恰逢经济大萧条——乍看上去没有什么优势可言，然而，这些因素最终却出人意料地成为弗洛姆的优势。乔·弗洛姆是超常之辈，然而他的超常之处却未必是你设想的那样；他的故事可以让人明白这位纽约律师大亨成功的玄机。到了本章结尾，我们将从弗洛姆的故事中得到某些启示，并将这些启示运用到纽约法律界，即便我们不知道更多的细节，我们也能预测这些法律精英的家庭背景、年龄和出身。现在就让我们先来看看这些故事。

启示一：身为犹太人的重要性

亚历山大·比克尔是弗洛姆在哈佛大学法学院的同学。像弗洛姆一样，比克尔也是东欧犹太移民的后裔，也在纽约公立学校和城市学院读书。他同样是法学院的明星学生。事实上，要不是因为比克尔不幸患上癌症停止工作，他可能会成为最著名的宪法学者。[2] 1947 年，比克尔和法学院的其他同学一样，在圣诞节的求职季去曼哈顿找工作。

他面试的第一家公司是华尔街的马奇罗斯律师事务所（Mudge Rose）。和那个年代大多数律师事务所一样，这家事务所传统而保守。马奇罗斯始创于 1869 年，理查德·尼克松在 1968 年赢得总统大选前一直在这家公司工作。“我们的公司像一位一辈子只愿上两次报纸的小老太太——一次是出生，一次是去世。”公司的一位著名高级合伙人如是说。比克尔第一次来公司面试的时候，先被带着在公司内部四处转了转，然后逐一与合伙人见了面。最后，他被带到藏书室和公司的高级合伙人见面。你可以设想一下当时的情景：深色的墙面，刻意磨旧的波斯地毯，一卷卷皮质绳带捆绑的卷宗，墙上挂着马奇先生和罗斯先生的肖像油画。

多年后，比克尔说：“我通过了所有面试，最终被带到高级合伙人办公室。高级合伙人花了很长时间跟我解释我这样的‘出身’（antecedent）是怎样的一个先例。”——比克尔刻意强调“出身”这个词是为了说明，当年这个用词是对他移民背景的委婉说法——“我已经在面试的程序中走到了最后一步。但是，我知道，像这样的公司，录取我这样出身的人，可能性是多么小。当他祝贺我取得进步的时候，我就明白了，他的意思是说他不能给我这个职位了。当然，他还要客气地表达他很高兴面试我。”

上面这段是比克尔的回忆录节选，从中可以看出采访者对当时的情景感到困惑。比克尔在口述回忆录的时候，已经取得了相当的成就：曾在最高法院大显身手，其著作文采飞扬。因此，在采访者看来，马奇罗斯事务所因为“出身”向比克尔说不，就好像是芝加哥公牛队因为不喜欢来自北卡罗来纳的黑人而拒绝乔丹一样。马奇罗斯律师事务所的这种做法让人摸不着头脑。

“你如此才华出众，结果还是这样？”采访者问道，意思是难道他们不会为比克尔而破例吗？

比克尔说：“才华出众？算了吧……”

在 20 世纪四五十年代，保守的纽约律师事务所都有点儿像私人俱乐部。他们的总部一定会设在曼哈顿市中心，一定会靠近华尔街，他们一定会在一栋森严的花岗岩外墙大楼里办公。这样的律师事务所，其合伙人一定是常春藤名校毕业，他们会去同一所教堂做礼拜，夏天则会去长岛的同一个度假村度假。他们一定会穿着老派的灰色西装，他们的合作伙伴也都是“白鞋公司”①——很显然，这些人都是在俱乐部或酒会上出尽风头的白人，他们当然会在选择雇员的时候非常挑剔。欧文 · 斯迈格在其著作《华尔街律师》（*The Wall Street Lawyer*）中研究了那个时期的纽约律师事务所，他在书中这样写道[3]：

> 拥有北欧血统的律师，总有着开朗的性格、整洁精致的仪容。他们毕业于“体面的”学校，有着“体面的”社会背景和处理问题的经验，并且总是精神饱满。一位前法学院院长在谈到毕业生找工作需要哪些品质时，给出了更清晰的表述：为了找到一份好工作，（学生的）家族需要有良好的人际网络，他们需要有较强的工作能力，需要有良好的个性品格，或者兼具所有上述要素。这些要素的组合可被称为“可接受性”。如果一个学生拥有以上任何一个要素，他 / 她就可以顺利找到一份工作；如果他 / 她拥有以上两个要素，他 / 她就可以有选择地找工作；如果他 / 她同时拥有以上三个要素，他 / 她就可以想在哪儿工作就在哪儿工作。

---

① “白鞋”原指 19 世纪 50 年代新英格兰上流社会绅士，尤其是常春藤名校的学生必备的一款时尚休闲鞋，他们供职的事务所因此被称为“白鞋公司”。该词原为贬义，现在则代表业内顶级的名望、声誉和专业水准。——编者注

比克尔的头发并不柔顺，他的眼睛也不是蓝色的，他说话时口音很重，如果追溯其家族根源，他的家庭就是所谓的“所罗门的后裔”，从罗马尼亚的布加勒斯特来的耶特·比克尔的子孙，他们也仅是近年来活跃在布鲁克林的下层社会人士而已。比克尔说他去城里找工作的时候非常不舒服。他当然会感觉不舒服：他是一个个头不高，说话带有布鲁克林鼻音，呆头呆脑的犹太小子，所以你应该能够想象他当年到藏书室面试时，那些银发贵族是怎样看待他的。在那个年代，如果你的家庭背景、宗教信仰、社会地位不符合要求，即便你是从法学院毕业的，你也只能去那些二流的、刚起步的小事务所，或者自己创业。这样一来，无论来了什么案子你都得接——这些案子通常都是那些大事务所不愿接的生意。这种现实的确相当不公平。然而，对于时常身处逆境的“异类”，这些不利因素却常常最终成为他们的机遇之源。

华尔街老派的律师事务所对它们所接的工作有着严格的界定。首先，它们专做公司律师。它们代表美国最大、最受人尊敬的公司。这里“代表”的意思是，它们会处理这些大公司股票及债券发行方面的税务与法律事宜，确保客户公司的经营活动不与联邦法规相抵触。它们不做诉讼。也就是说，这些公司中只有少数几家有专门处理辩护与诉讼的部门。保罗·克维斯——以保守著称的凯维律师事务所（Cravath，Swaine and Moore）的创始人——有一次接了一份这样的诉讼委托，但是他们最终帮助客户在会议室解决了问题，而不是在法庭上。“在我的哈佛大学同学中，大家都认为只有处理债券和税务方面的法律问题才是正经事。”另一家保守的律师事务所创始人回忆说，

“我们有自己的正规业务。诉讼只算是小把戏，不适宜让‘正经’的律师来处理。那个时代公司之间没有那么多诉讼。”

老派事务所不愿意接的另一项业务是公司间的恶意收购。在现代社会，公司并购者和私募基金对企业的并购是司空见惯的。然而直到20世纪70年代，一家公司在没获得收购目标同意的情况下将其收购，还是一种十分令人反感的行为。马奇罗斯以及华尔街的其他律师事务所都不愿意接这类案子。

“恶意收购令人反感之处就在于收购是恶意的。”商业杂志《美国律师》（*American Lawyer*）的创始人史蒂文·布里尔说，“这样做会让人斯文扫地。如果你在大学时最好的朋友当了某家公司的首席执行官，他 / 她已经经营该公司很长一段时间了，而且业绩也还不错。忽然有一个公司并购者跳出来说你朋友的这家公司非常差，应该低价出让才对。你听到这个一定会很鄙视这个虚张声势的并购者。对恶意收购的反感就是由此而来的。”①

---

① 律师兼小说家路易斯·奥金克洛斯（Louis Auchincloss）曾在纽约老派的律师事务所工作，这是一家典型的以白人律师为主的“白鞋公司”。奥金克洛斯在小说《绯色来鸿》（*The Scarlet Letters*）中描写的一段情节真实再现了当年华尔街律师们对企业收购法的反感。“面对现实吧，亲爱的，你丈夫和我开的这家律师公司做事不择手段。”一位专做公司收购的律师对他合伙人的妻子说。

他继续说道：“现如今，如果一家公司想收购另一家公司，但另一家公司并不想被收购的话，收购公司的律师就会收集各类材料迫使被收购公司就范。我们会对被收购公司的管理失误提起诉讼，包括对未付股息、违反公司章程、违规发行债券、管理不善等。我们也会拿反垄断说事儿，拿说不清的债务开刀。而我们的对手则会没完没了地要求我们提供各类证明文件，做各种说明，目的就是让我们的客户陷入烦琐的文书工作中无法自拔……这简直就是发动战争。”[4]

在20世纪五六十年代，找上布鲁克林或布朗克斯地区犹太人律师事务所的业务，正是“白鞋公司”不屑一顾的生意：诉讼。诉讼中的重头戏又非“表决授权书之战”莫属了。“表决授权书之战”是恶意收购者出价收购时的一个核心策略。当投资者对某家公司感兴趣时，其会指责公司现任董事会的管理水平，并写信给股东，要求股东给予其“表决授权书”，这样一来，这个投资者就能通过影响投票结果撤换公司董事会了。而要想打赢“表决授权书之战”的官司，投资者能找的就只有乔·弗洛姆这样的律师了。

法律史学家林肯·卡普兰（Lincoln Caplan）在《律师帝国》（*Skadden*）中是这样描述当年的公司收购的：

> “表决授权书之战”的优胜者在“蛇窖”①（正式叫法是“财务室”）中产生。各方律师会与仲裁人见面。仲裁人的作用是判断授权书是否有效。这样的会议一般是在非正式场合下召开的，所以整个过程充满了你争我夺的场面，局势瞬息万变，但这些商业对手时常也会穿着T恤，分享带来的水果和威士忌。当遇到“蛇窖”中也无法解决的争议时，就需要投票决定。
>
> 律师们有时会通过和自己有裙带关系的仲裁人影响投票表决的结果，而仲裁人则可以从双方那里收取好处。董事会聘请的律师会争夺倒戈者的表决授权书（“我对此持保留意见！”），反之亦然。在“蛇窖”中占优势一方的律师通常善于临场发挥。这样

① “蛇窖”（snake pit），本意指古代欧洲犯人遭受的一种刑罚，犯人会被投入装满毒蛇的坑窖。作者在这里喻指“表决授权书之战”异常激烈。——译者注

的律师对表决授权书的规则了如指掌，在这一点上，几乎没人能比得上乔·弗洛姆……

弗洛姆很胖（一位律师说当时他起码超重100磅①），他的体型让人感觉不舒服（对他的合作者来说，他的模样像一只青蛙），而且他对社交礼节视而不见（他会当众放响屁，或是在跟人交谈的时候把烟头在离对方脸很近的地方挥来挥去，且毫无歉意）。在同事甚至对手眼里，他总是十分强势，在谈判中志在必得。

“白鞋”律师事务所如果遇到有收购需求的客户，也会打电话叫弗洛姆来参与。他们自己不愿意碰这种案子，所以他们很乐意把这块业务外包给世达。“弗洛姆早年的专业方向是表决授权书诉讼，我们自己并不做这个，就如同我们也不做离婚诉讼一样。”凯维律师事务所的长期合伙人罗伯特·里夫坎德说，“我们给出的理由是我们对这方面了解不多。我记得有一次我们的一个客户牵涉表决授权书诉讼，我的一位资深合伙人说：‘好吧，我们把弗洛姆叫来。’弗洛姆来到会议室，我们坐下来向他描述案件概况，他则告诉我们接下来该如何处理。他走后，我对合伙人说：‘其实我们也能做，你说呢？’我的合伙人说：‘不，不，不，我们不能做，我们绝不做这种案子。’所以我们从来不接受这样的委托。”

然而，到了20世纪70年代，人们对诉讼的厌恶情绪渐渐消失。联邦管制开始放松，企业借贷变得越来越容易，市场趋向国际化，这

---

① 1磅约等于0.45千克。——编者注

一切导致公司收购案件的数量和规模激增。“20 世纪 80 年代，如果在商业圆桌会议（美国公司管理层经常组织的社交会议）上调查人们对公司收购的态度，2/3 的人会说不。”弗洛姆说，“然而现在，所有人的答案都是：没问题。”公司需要防范竞争者的法律诉讼，对恶意收购者进行反击。投资人若想突破防线买到另一家公司，则需要法律条文的支持，股东也希望能够获得更多的权利。这些收购案涉及的金额越来越高。从 20 世纪 70 年代中期到 20 世纪 80 年代末，华尔街公司收购与公司合并涉及的年总金额增长了 2 000%，最高达到每年 2 500 亿美元。

曾经老派律师事务所不屑一顾的业务——恶意收购和诉讼——忽然之间变得炙手可热。谁是这个领域的专家呢？就是那批 10 到 15 年前去不了市中心大公司，只能去二流律师事务所的律师。

“‘白鞋公司’一直认为恶意收购的案子不值一提，但后来游戏规则变了，他们于是坐下来开会说，‘嘿，我们应该进入这个领域，我们在这方面落后了’。”弗洛姆说，“如果你在某一领域获得了声誉，生意就会自动找上门来。”

仔细想一想就能发现，这跟比尔·乔伊和比尔·盖茨的故事是多么相似。他们也曾身处前景不明的领域，更不敢奢望获得世界范围的认可。但是不久后，个人电脑革命爆发，而他们恰巧已经积累了 10 000 小时的经验，他们已经做好了准备。弗洛姆的情况也一样。他在世达花了 20 年时间在其专业领域磨砺以须，忽然之间，世界形势变了，而他已经做好了准备。弗洛姆并不是克服了逆境，而是原先的逆境忽然之间变成了机遇。

"并不是因为这些人比其他律师更聪明，"里夫坎德说，"而是因为他们磨炼了多年的技巧因时势的改变而突然之间变得极有价值。"①

启示二：生育潮低谷之幸

1919 年，莫里斯·詹克洛（Maurice Janklow）考入布鲁克林区的一所法律学校。他是罗马尼亚犹太移民的后裔，他的父母有 7 个孩子，他是家中的长子。他的同胞兄妹一个在布鲁克林开百货商店，两个经营服装生意，一个开了绘图工作室，一个制作并销售羽毛帽子，还有一个在一家地产公司做会计。

莫里斯是兄弟姐妹中最聪明的一个，也是唯一考上大学的那个。毕业以后，他到布鲁克林法院街创业。他是一位高雅之士，头戴洪堡软毡帽，身穿布克兄弟套装，夏天他则会换一顶硬草帽。他娶了漂亮的丽莲·黎凡特，丽莲是著名犹太法典学者的女儿。他开上了好车，把家搬到了富人聚居的皇后区。他跟合伙人收购了一家纸业公司，未来的前景一片光明。

这是一个年轻有为的青年，他看似有着成为大牌律师的所有潜

---

① 法学家伊莱·沃尔德（Eli Wald）对犹太律师逆境转为机遇的研究最为透彻。经过谨慎研究，沃尔德认定，弗洛姆和他的同伴们获得的不仅仅是运气。运气是中彩票之类的事情，他们获得的是机会，而且他们抓住了这些机会。正如沃尔德所说："犹太律师们很幸运，同时他们能够自助。这是最好的成就自我的方式。他们在从天而降的新环境中获得了好处。他们的幸运之处在于白人精英们不愿涉足公司收购的业务，他们的幸运之处还在于他们最初没有在大公司那里找到工作。在这里，机遇发挥作用的方式不那么显而易见。"[5]

质。他资质很高，受过良好的专业教育；他出身于一个在正统法律教育体系内受过良好教育的家庭，他生活在世界上最繁华的大都会。但是奇怪的现象发生了：意料中的结果一直没出现，莫里斯满心渴望的事业上的成功从未实现。实际上，他从未走出过布鲁克林法院街，他一直在那里为事业苦苦挣扎。

莫里斯的儿子叫莫克，他和父亲一样，也成了律师。但是儿子的经历跟父亲的大相径庭。莫克在20世纪60年代开了一家律师事务所，后来他将这家事务所连同一份早期有线电视台特许经营权打包卖给了考克斯广播公司，他因此赚了一大笔钱。20世纪70年代，他又开了一家版权代理公司，该公司发展至今已经成为一家世界知名的出版商了。[①] 他拥有自己的私人飞机。父亲没有实现的理想在儿子这一代全都实现了。

为什么儿子莫克能在父亲莫里斯无法成功的领域获得成功？其中的原因自然会有一大串。但还是请读者们回顾一下19世纪30年代诞生的巨头企业和1955年出生的软件程序员的故事，再让我们看看詹克洛父子之间的差异。是不是也存在一个纽约成功犹太律师出生的最佳年份呢？当我们得出结论的时候，我们也就可以解释莫克·詹克洛成功的原因了，同时这也是弗洛姆的成功给我们的第二个启示。

在前面有关天才兰根的章节中我们提到了刘易斯·特曼的天才研究。他研究的是1903—1917年出生的儿童从孩提时代到成年时代的人生经历。他的研究发现，这些儿童时期的天才最后成长为两类人，一

① 即詹克洛内斯比特出版社（Janklow & Nesbit）。实际上，那也是我的代理出版商。因此，我才对詹克洛父子的家族历史有所了解。

类人获得了真正的成功，另一类人则彻底失败，而导致这一切的是儿童的家庭经济背景。在这一点上，特曼的研究结果与安妮特·拉里奥的观点一致，即父母的生活方式、父母所属的阶层，对子女的成才至关重要。

然而，特曼的研究结果还可以用另一种标准来划分，即“特曼人”的出生年份。如果按出生年份将“特曼人”分为 1903—1911 年组和 1912—1917 年组两组，我们会发现“特曼人”中的失败者绝大多数属于第一组。

对这一现象的解释，不得不提到 20 世纪的两件大事：20 世纪 30 年代的经济大萧条和第二次世界大战（1939—1945 年）。假如你在 1912 年以后出生，即 1912—1917 年组，那么你大学毕业的时候，经济大萧条最糟糕的日子已经过去了，接下来便是“二战”。你很可能入伍才三四年战争就结束了，但因为你比较年轻，时势不会对你造成什么坏的影响（当然，你得平安地从战场上回来）。

然而，那些出生在 1911 年以前的“特曼人”就没这么幸运了。他们大学毕业时正值经济大萧条最困难的时期，几乎不可能找到工作。“二战”爆发时，他们正好年近 40 岁，这意味着当他们应征入伍时，他们业已开始的职业生涯、家庭生活，最年富力强的岁月就被打断了。1911 年之前出生的人在人口统计学意义上是相当不幸的，20 世纪最大的战争灾难直接冲击了他们的黄金岁月。

将上面的人口学统计逻辑，运用到莫里斯·詹克洛这样的纽约犹太人律师身上也同样合适。当年，像他这样的犹太人是没法进入大律师事务所的，所以他们只能独立创业，接一些诸如遗嘱、离婚、合同纠纷等的零碎业务。到了经济大萧条时期，所有的独立创业者都消失了。“当时，大城市里律师的收入已经降到家庭最低生活保障线以下了。”历史学教授杰罗德·奥尔巴赫在描述大萧条时期的纽约时写道，“一年以后，有 1 500 名律师申请工作救济金。纽约律师中有一半是犹太人。最后，犹太律师发现他们的生活只剩下‘有尊严的饥饿’了。”[6]况且，许多年来他们处理法律业务赚的钱本就比白人律师少得多。莫里斯·詹克洛生于 1902 年。20 世纪 30 年代大萧条开始时，他刚结婚，买了新汽车，把家搬到了皇后区，并在造纸工厂上投了一大笔钱。所以，莫里斯此时的创业时机简直不能再糟糕了。

“他本来准备赚一大笔钱，”莫克·詹克洛在谈到父亲时说，“但是大萧条在经济上彻底毁了他。他的储蓄所剩无几，也没有家族势力可以依靠。从那以后，他就变成公证人一类的律师了，再也不敢冒任何风险，他经受的打击已经够多了。我的父亲不得不为 25 美元的生意折腰。他有个在牙买加储蓄银行工作的朋友能给他介绍一些客户。他为了 25 美元的生意拼命工作，就为了区区 25 美元。”

“我还能记得父亲和母亲早晨的一次对话，”莫克继续说道，“父亲对母亲说：‘我现在身上有 1 美元 75 美分。我需要 10 美分坐公交，10 美分坐地铁，还有 25 美分买三明治。’说完，他把余下的钱全部留给了母亲。他们一直在生存线上挣扎。”

现在让我们比较一下像莫克一样出生在 20 世纪 30 年代的人。

表 5–1 中列的是 1910—1950 年美国的人口出生率。表中显示，1915 年有近 300 万名新生儿，1935 年新生儿数量比 1915 年少了近 60 万，在紧随其后的 15 年里，新生儿数量又回升到 300 万左右。我们

也可以用更精确的每千人出生率来反映人口变化。每 1 000 个美国人当中，平均就有 29.5 个人出生在 1915 年，18.7 个人出生在 1935 年，24.1 个人出生在 1950 年。20 世纪 30 年代被称为“出生低谷”，人们为了解决大萧条时期的经济困难，尽量少生孩子，结果那 10 年的出生人口明显少于前一个时期和后一个时期。[7]

表 5–1　1910—1950 年美国人口出生率

年份	出生人口（人）	出生率（‰）
1910	2 777 000	30.1
1915	2 965 000	29.5
1920	2 950 000	27.7
1925	2 909 000	25.1
1930	2 618 000	21.3
1935	2 377 000	18.7
1940	2 559 000	19.4
1945	2 858 000	20.4
1950	3 632 000	24.1

经济学家 H. 斯科特·戈登（H. Scott Gordon）在一份出生低谷时期人口优势的研究报告中写道[8]：

> 当他 / 她第一次睁开双眼时，他 / 她看到的是宽敞的医院，这是为之前一个人口高峰准备的。医生们时间充裕，在下一个人口高峰到来前，他们可以享受一段时间的清闲。到了他 / 她上学的年龄，等待他 / 她的是完善的校舍设备和人数充足的教师队伍。到了高中，虽然他们的篮球水平不及上一代学生，但这丝毫不影响他们继续使

用体育设施。大学则成了令人身心愉快的地方：学校有充足的教室和宿舍，他们不必在食堂排队等候，教授们对学生的辅导时间也相当充裕。到了他们就业的年龄，劳动力开始不足，但对劳动力的需求反而高涨，因为紧随其后的人口高峰需要更多的商品与服务。

在20世纪30年代早期的纽约，学校的班级规模都很小，人数只是25年前班级人数的一半。很多新校舍都是为之前的人口高峰准备的，教师们的水平都很高。

“20世纪40年代，纽约的公立学校在当时是最好的。”长期研究城市教育史的纽约大学教授黛安·拉维奇说，“20世纪三四十年代的美国教育工作者要是被放在其他时期或去其他地方，一定能当大学教授。他们都很出色，却找不到理想的工作。他们之所以选择到公立学校教书，是因为这里可以获得一份稳定的收入，有养老保障，不至于被无情地解雇。”

相同的原因使这一代人在上大学的时候也备受照顾。下面要提到的人物是20世纪七八十年代纽约最好的诉讼律师之一特德·弗里德曼（Ted Friedman）。和弗洛姆一样，他也出身贫寒，是在生存线上挣扎的犹太移民的后代。

“当时我有两个选择，城市学院和密歇根大学。”弗里德曼说。当时城市学院免学费，密歇根大学——现在是美国的顶级大学——学费每年为450美元。“如果在密歇根大学第一学期的成绩优秀的话，你就能拿到奖学金。”弗里德曼说，“所以，如果我的学习成绩好，我就只需要付第一年的学费。”一开始，弗里德曼倾向于留在纽约。“所以我去城市学院试听了一天的课，但是我发现我不喜欢那里。我想，这里大概相当于把布朗克斯科技学校（他高中时期就读该校）的学制再延长4年吧。于是我收拾行囊，搭便车去了安娜堡。”他继续说道：

> 那年暑假我赚了几百美元。当时我在纽约卡茨基尔找了一份工作，我赚足了第一年的学费（450美元），多出来的钱我就留给了家里。初到密歇根的安娜堡，我就找到了一份在高档饭店做服务生的兼职，同时我还在福特公司胭脂河工厂上夜班。通过做这些工作赚到的钱真的帮我解决了很多问题。那时候找工作并不是很难，所有工厂都在招人。我在成为律师前做过的工资最高的一份工作是当建筑工人——那年夏天，安娜堡正在建造克莱斯勒的试车场。在法学院读书的那些年，我每逢暑假都会去那里干活。当时的工资的确很高，大概是因为需要经常加班吧。

仔细想想这个故事的来龙去脉。一方面，弗里德曼有努力工作的意愿，他对自己负责，想要努力完成学业。但是另一方面——这一方面也许更为重要，在弗里德曼当时所处的美国，只要你有努力工作的意愿，你就能对自己负责，你就能完成学业。那时的弗里德曼，正处于“经济条件极差”的生活状态，是一个来自布朗克斯平民区的小子，父母都没有上过大学。但是看看他上大学是多么容易。他毕业于纽约的公立学校。那个时候纽约的公立学校为世界所羡慕。他大学的第一个选择是城市学院，学费全免；第二个选择是密歇根大学，学费仅为每年450美元。而且，那时的大学入学条件十分宽松，还允许学生们试听一天课程。

他是怎么到达密歇根的呢？搭便车，没有花暑假打工赚的一分钱。等到了学校，他很快就找到了几份兼职工作，原因是当地工厂急需招工。工厂当然急需招工：人们必须维持20世纪30年代之前出生人口的生计，又必须供养20世纪30年代以后逐年增加的人口。从某种意义上说，成功的可能性不来自我们自身，也不来自我们的父母，而是来自我们的时代，即我们在历史上所处的特定地点和面临的特定机会。在美国，对于一个未来想做律师的人而言，20世纪30年代早期是最佳出生年代，如同1955年之于软件工程师、1835年之于企业家。

如今，莫克·詹克洛的办公室坐落在帕克大道的摩天大楼中，办公室里挂着精美的现代艺术品。他对家族趣闻侃侃而谈。（“我母亲有两个姐妹。一个今年99岁，另一个在90岁的时候过世了。99岁的姨妈是一个精明的女人，她嫁给了姨父艾尔。艾尔是媚登峰①的销售总裁。有一次我问他：‘姨父，除了纽约，其他地方都是什么模样的？’他说：‘老弟，你只要离开纽约就明白了，除了纽约，其他地方都是小地方。’”）他让人感觉，只要他愿意，世界上的一切他都可以自由索取。“我总愿意冒险。”他说，“早年我创建有线电视公司，我是在它差点儿拖垮我的前一刻卖掉它的。我相信我能行。”

莫克在纽约公立学校读书的时候，正值这些学校状况最好的时期，而莫里斯就读纽约公立学校的时候，却正值学生超员的时代。莫克去了哥伦比亚大学法学院，因为在人口出生率低谷时期出生的孩子

① 媚登峰（Maidenform），美国的老牌内衣品牌，于1928年生产了全球第一款现代文胸，开了文胸改革的先河。——编者注

可以更自由地选择学校。而莫里斯只去了布鲁克林法律学校，这已是1919年出生的移民后代所能去的学校中相当不错的一所了。莫克卖掉有线电视公司赚了上千万美元，而莫里斯却为25美元的生意卖命。詹克洛父子的故事告诉我们，乔·弗洛姆的飞黄腾达不可能发生在任何时代。即便他天资极高，即便他的家庭背景得天独厚，他都不可能逃脱时代的局限。

“我母亲的头脑一直很清晰，至少直到她过世前五六个月她的头脑都是十分清晰的。”莫克说，“在她神志不清的时候，她会说一些她以前从未说过的话。她会为在1918年大流感①中过世的朋友流泪。我父母那代人经历了很多这样的事，他们得以幸存，而那场大流感却夺走了全球1/10人口的生命。当时，恐惧笼罩着世人，他们的朋友一个个死去。接下来就是第一次世界大战，然后是全球经济大萧条，紧跟着又是第二次世界大战。他们那一代人的确没有什么机会可言，他们生活在最困难的时代。如果我父亲不是出生在那时候，他的人生会比现在成功许多。”

启示三：服装厂与有意义的工作

1889年，路易斯·波吉尼特和瑞吉娜·波吉尼特夫妇在汉堡登上了前往美洲大陆的邮轮。[9]路易斯来自当时还属波兰的加利西亚，瑞吉娜生于匈牙利的一个小镇。他们结婚没几年，已经有了一个宝宝，

① 1918年大流感是人类历史上最致命的一次传染病大流行。——译者注

瑞吉娜现在又怀上了第二胎。在这13天的旅途中，他们待在轮机舱上面的舱室里，当轮船随风浪颠簸的时候他们就使劲靠在双层床上。他们在纽约有一位熟人：路易斯的姐姐，移民纽约已有10年的莎莉。他们身上带了钱，不过只能维持几个星期。和当年其他移民美国的人一样，他们无法预料自己的未来。

路易斯和瑞吉娜在曼哈顿下东区的埃尔德里奇大街找到一处小公寓，月租8美元。安顿下来以后，路易斯就开始出去找工作。他看到人行道两旁小商贩和水果摊密布，热闹非凡。市井生活的生机与活力令他先是深受震动、不知所措，而后振奋精神，准备在新的世界里大显身手。他先找到他的姐姐在拉德罗大街的鱼店，说服姐姐把一批鲱鱼赊给他卖。他在人行道旁摆了两个装鱼的大桶就算摆了鱼摊子，他在摊前用德语来回吆喝：

> 可炸，可烤，还能做汤，味道鲜美！每餐必食，老幼皆宜！

到那个周末，路易斯赚了8美元，第二个星期他赚了13美元。对于波吉尼特夫妇来说，这是一笔可观的收入。但是他们都觉得在街边卖鲱鱼的生意没什么前途，于是路易斯决定做点其他小买卖。他先是卖毛巾和桌布，但收入太少，他又转向卖笔记本，然后是香蕉，然后是袜子，但是这种小买卖似乎也不是什么有前途的生意。此时，他们的第二个宝宝出生了，是一个女孩儿。现在，路易斯有4口人要养活了，他需要在生意上有所突破。

路易斯开始在下东区的大街小巷寻找机会，如此寻寻觅觅过了5

天。当他就快放弃希望的时候，他终于找到了机遇。他坐在街边的木箱之上，吃着瑞吉娜给他做的三明治当午餐，他想到了——服装。他所到之处，满眼全是开门迎客的服装店——套装、便装、工作服、衬衫、裙子、短衬衫、裤子。让他感到惊奇的是，所有衣物全是成品。而在路易斯的故乡，人们都是自己在家做衣服的，顶多是请附近的裁缝做。

“让我感到最为惊奇的不是这些成衣的巨大数量，当然这件事本身也挺令人吃惊的，”多年以后，路易斯已经成为一家生意兴隆的妇女儿童服装厂老板，他写道，“而是在美国，即便是穷人，也不愿意再费时费力地做衣服，他们宁愿选择到商店买成品衣。这就是我要进入的领域，这是一份令人激动的事业。”

路易斯随身带着一个小笔记本，无论走到哪儿他都会记下人们穿什么，服装店里卖什么——男装、女装、童装。他总在搜寻各种新款服装——人们想要穿而商店却没有卖的款式。他在街上搜寻了 4 天。第 4 天晚上，他在回家的路上看到街边有五六个小姑娘在玩“跳房子”游戏。他注意到有个小姑娘衣服外面套了一件绣花小围裙，小围裙从前面掖进去到后面打了个结，非常好看。这件特别的衣裳打动了他，他想起下城区服装店的货品清单中没有这种小围裙，他也从来没见过有人在卖这种小围裙。

路易斯回到家把此事告诉了瑞吉娜。他们刚到美国的时候买了一台老式缝纫机。第二天一早，路易斯就到赫斯特大街纺织品店买了 100 码[①]方格纹棉布和 50 码白条纹布。他回到自己的小公寓，把布料铺在

① 1 码约等于0.9 米。——编者注

餐桌上。瑞吉娜开始裁剪布料，小的给刚学步的幼儿，大的给儿童，一共裁了 40 条小围裙。他们剪裁好后就开始缝制。瑞吉娜一直到午夜才上床休息，而路易斯则接过妻子的活儿继续干。到了早晨，瑞吉娜起床开始裁扣眼，缝纽扣。早晨 10 点，40 条小围裙全部完成。路易斯把所有的劳动成果搭在胳膊上，出了门，来到赫斯特大街。

“儿童小围裙！小姑娘围裙！彩色的 10 美分一条，白色的 15 美分一条！儿童小围裙！”

下午 1 点时，40 条小围裙竟全部卖光了。

“亲爱的，我们有自己的生意了！”他从赫斯特大街径直跑回公寓，一进门就对瑞吉娜兴奋地大喊。

他激动得牵住妻子的手和她跳起快步舞。

“你得帮助我！”他嚷道，“我们要一起工作！亲爱的，这是我们的事业。”

像弗洛姆、波吉尼特夫妇、詹克洛父子这样的 19 世纪末 20 世纪初的犹太移民，跟同一时期来自其他地方的移民是不同的。来自爱尔兰和意大利的移民多是欧洲贫困地区的农民，而犹太人移民则不是。许多世纪以来，欧洲统治者不允许犹太人拥有自己的土地，所以他们无论是在城市还是在乡村，都是通过商业和手工业营生的。第一次世界大战前的 30 年间，进入美国的 70% 的东欧犹太人都至少掌握一种商业或手工业技能。他们来到美国后，有的开了小杂货店，有的经营钟表店，但其中绝大多数人都有服装买卖方面的经验。他们中有男装裁缝，女装裁缝，衣帽裁缝，皮革、皮毛裁缝，不一而足。[10]

拿路易斯为例，12 岁时他离开了贫困的父母来到小镇布尔泽斯科（波兰境内），成为当地一家商店的伙计。后来他获得了一个机会，跳槽进了一家名叫 Schnittwaren Handlung（字面意思为“布料、衣料、布匹制作”）的布匹行。“那年头，布匹裁缝的工作就是给人做衣服。”他写道，“在这些并不富裕的地方，人们生存的三样必需品中，食物和住所可以很简单，服装则需要精挑细选。商人们会从全欧洲采购最精美的衣服，还会在每年的巡回采购中参观各地的生产中心——当时我遇到了很多服装业的富商，至今他们的音容笑貌还时常浮现在我的脑海中。”

路易斯在一个叫爱泼斯坦的人开的布匹店打工，后来又去了附近杰斯罗镇的布兰德斯塔特商行当店员。在这里，路易斯开始了解每一种布料的特点，学习打理各种各样的布料。最后，他甚至只需摸一摸布料就能告诉你织物的密度，是在哪家工厂生产的，产地在哪儿。几年后，路易斯来到匈牙利，他在那里遇见了瑞吉娜。瑞吉娜从 16 岁就开始学做裙装。婚后，两人开过布匹店，慢慢积累了一些做小生意的经验。

那天，路易斯在赫斯特大街冥思苦想后的灵光乍现并非凭空而来。路易斯是布匹店的得力店员，他的妻子是经验丰富的裙装女工，服装生意可以说是他们的老本行。最终，波吉尼特夫妇在自己的小公寓里开起了一家服装店。与此同时，成千上万的犹太移民也在以同样的方式谋生。他们熟练地运用自己的手艺剪裁布料，做裙子，做裤子。到了 1900 年，东欧的新移民已经完全掌控了纽约的服装产业。如同路易斯所写，犹太人“投入了新世界，运用自己的全部技能疯狂地工作”。

如今，当缤纷灿烂的纽约已成为多元化大都会区域的中心时，人们时常会忽略当年波吉尼特夫妇那样的东欧移民给纽约带来的手工技术的意义。从19世纪末到20世纪中叶，服装贸易一直是纽约经济规模最大、最活跃的组成部分。在纽约从事服装生产的工人比其他任何领域的工人都多，纽约的服装产量也比世界上任何其他城市的都高。当年作为服装工厂的造型独特的大厦，如今依然占据着曼哈顿百老汇的半条街。从时代广场下方20个街区那些10层到15层的服装生产车间和仓库，到苏荷区和翠贝卡区坚固的阁楼建筑，几乎都是为服装制造商、帽子制造商和女士内衣制造商而建造的。在这些巨大的工作间里，男男女女都在热火朝天地操作着缝纫机。现在，让我们回到19世纪90年代的纽约，那时一个有剪裁经验，或者裙装制作经验，或者布匹行工作经验的人，就等于拥有了光明的前景。就这一点来看，路易斯像极了1986年在硅谷已经拥有10 000小时编程经验的程序员。

“无疑，犹太移民在最恰当的时间，带着最好的技术来到了纽约。”社会学家斯蒂芬·斯坦伯格（Stephen Steinberg）说，“为了把握机遇，你必须有任劳任怨的美德，而犹太移民愿意苦干。他们愿意自我牺牲，他们生活节俭，善于储蓄，对投资精打细算。但还有一点必须注意的就是，那时的服装业正处在蓬勃发展时期，正需要他们熟练的手艺。”[11]

路易斯和瑞吉娜以及成千上万漂洋过海来到新大陆的犹太移民，获得了一次黄金机遇。这一机遇也广泛惠及他们的儿孙。因为他们给其儿孙带来的经商经验，会成为其儿孙适应未来世界并获得人生成功的关键因素。

那天，路易斯和瑞吉娜卖完了他们第一批（40条）小围裙，路易斯直奔 H. B. 克拉夫林公司。克拉夫林公司是一家纺织品代理行，类似于波兰的布兰德斯塔特商行。路易斯和说德语的售货员接洽，因为那时他只会说德语。他带着他跟瑞吉娜的所有积蓄——125 美元，买了足够做 10 打小围裙的花布。然后他们一干又是一天一夜。他跟瑞吉娜轮流剪裁、缝制，最后，路易斯在两天内卖完了整整 10 打小围裙。他们于是又去克拉夫林买布料，接着又是一轮工作。没过多久，他们就不得不雇一名新来的移民同胞帮忙照顾孩子了，瑞吉娜则全职缝制；紧接着他们又招了一个学徒。路易斯冒着风险将围裙卖到更偏远的黑人区，他的顾客主要是出租房里的母亲们。他在谢里夫大街租了一个能居住的铺面，他买来新缝纫机，雇了 3 名女工全职工作。很快他就成了远近闻名的"围裙老板"。此时，他们已经将围裙卖到美国最偏远的街区了。

不久，他们就开始扩大经营范围了：他们开始生产成人围裙，然后是衬裙，接着是女装。到了 1892 年 1 月，波吉尼特夫妇的工厂已经雇了 20 名工人，其中的大多数人和他们一样都是犹太移民。他们在下东区拥有一家工厂，他们的客户数量也在稳步增加，其中包括另一家犹太移民开的商店——博明达勒兄弟公司。请不要忘记，此时波吉尼特夫妇来到美国才不过 3 年，他们不会说英语，无论在哪个层面讲都不算富裕。他们迅速把赚来的钱用于扩大生产，银行的存款也只有 200 美元。但是，他们已经开始掌握自己的命运了。

这亦是服装业的一个优势。这里的优势不仅指服装业的跳跃式发展，还包括服装业特殊的企业模式。服装生产并不需要在一个大工厂里完成所有流程，事实上，服装生产的各个环节都可以被外包到一系列小公司中，有专做式样设计的，有专做服装面料的，有专做缝制的，还有专门制作纽扣的。只有那些规模足够大，野心也足够大的公司，才会承包从设计到面料的所有环节。1913 年，整个纽约有大约 16 000 家独立运作的服装小企业，很多都是像波吉尼特夫妇在谢里夫大街的店面一样的家庭作坊。

“这个行业的门槛很低，基本上就是建立在缝纫机上的生意，而缝纫机又不是很贵。”专门研究服装工业史的丹尼尔·索亚说，“所以你不需要太多资本。在 19 世纪末 20 世纪初，花 50 美元就能买一两台缝纫机。要成为服装承包商，你只需要一两台缝纫机，几个熨斗，再雇几个工人就可以了。服装业的利润的确比较低，但是你依然可以赚钱。”

下面是路易斯对当年他决定扩展业务范围的回忆：

> 我经过了一番市场调查后得知，在 1890 年，这里只有 3 家店专做童装。一家是我在东区的邻居，他只做订单生意；另外两家只做高档童装，但我还不打算涉足这个领域。我的目标是生产“大众价格”的东西——耐洗的丝质或毛料服装，即最广大的普通群众都能接受的那种服装。从商业角度来讲就是，生产出摆在任何商店都能卖出去的衣服。无论商店规模大小，无论商店在城市还是乡村。在瑞吉娜的帮助下——她的品位很棒，判断也很准——我做了一套样品，并且向我的老顾客展示。我向他们解释我对每个细节的思考：我卖的衣服可以省去母亲们自己给孩子做衣服花费的时间，我卖的衣服的面料与剪裁也都很精良，甚至比在家里自己做的还要好，而且价格也让人容易接受。

路易斯意识到，如果想跟大公司竞争，就必须降低成本，想降低成本就必须跳过中间商，直接从批发商那里进货。他来到劳伦斯公司找到批发商宾汉姆先生。宾汉姆是个“高个子，身材瘦削，白胡子、蓝眼睛的美国‘北方佬’”。当时的情景是，一个满脸倦容，从波兰农村来的移民，用并不熟练的英语挑战一个傲慢专横的美国“北方佬”。路易斯告诉宾汉姆他想买 40 箱羊绒线。宾汉姆从来没直接跟制造商打过交道，更不用说谢里夫大街上的小店主了。

“你这个无礼的家伙跑到我这里就是为了捞好处！”宾汉姆怒吼道。但是最终，他还是同意向路易斯直接供货。

路易斯在他每日 18 小时的工作中学到了现代企业的生存之道。他学会了市场调查，学会了工业化生产，学会了与骄傲专横的美国“北方佬”讨价还价，也学会了如何与大众文化接轨，摸索最新的流行趋势。

同一时期来到纽约的爱尔兰人和意大利人就不具备这样的优势。他们大多没有从事城市经济产业的专门技能。他们主要从事体力劳动，当家仆或建筑工人——这样的工作他们干上 30 年也不可能学到市场调查和工业生产方面的知识，更不可能摸索出流行文化的趋势，或是与掌握着美国经济命脉的“北方佬”谈判。

我们也可以看一下 1900 年到 1920 年，从墨西哥移民到加利福尼亚的从事水果与蔬菜种植行业的农民的命运：实际上，他们只不过是从原来的墨西哥封建农民变成了加利福尼亚农民而已。“服装工业的生存环境其实也一样恶劣，”索亚继续说道，“但是，服装厂的工人更靠近工业生产中心。如果你在加利福尼亚的农场干活，你对食品上了卡车后的所有流程就一无所知了。但如果你在一家哪怕不太大的服装厂干活，即便你的工资很低，工作条件很差，工作时间很长，你仍能接触到成功人士，了解他们的行为，从中你能学会如何做生意。”①

当波吉尼特夫妇晚上回到家面对孩子的时候，他们也许会感觉疲惫，也许依然穷困，但是，他们精神振奋，他们是自己的主人。他们对自己的决定与生活方向负责。他们的工作是个复合体：结合了他们的意志力和想象力。在他们的工作中包含着最直接的付出与回报的关联性：他和瑞吉娜晚上做裙子做得越晚，第二天他们赚的钱就越多。

自主性、复合性、付出与回报的关联性，以上三点是任何一份称得上令人满意的工作都应该具备的属性。能赚多少钱并不是使我们快乐的最终源泉，使我们快乐的源泉是这份工作在多大程度上能让我们实现自我。如果给你两个工作选择，年薪 7.5 万美元的建筑设计师工作和年薪 10 万美元但余生只能坐在收费站的工作，你会选择哪一个？我猜应该是前者。因为做一份有创造性的工作是自主性、复合性、付出与回报关联性的最佳组合，对于我们大多数人来说，这比金钱更重要。

能满足上面三点的工作就能被称为有意义的工作。做一名教师有意义，做一名内科医生也有意义。所以，在充满奇迹的服装业做一

---

① 我知道，当美国犹太人的同胞们在欧洲大陆正一步步滑向纳粹的魔掌时，我在这里大谈那个时代美洲犹太人的幸运是有些令人不舒服的。实际上，波吉尼特夫妇在 1942 年出版了一本回忆录，无意间凸显了欧洲犹太人和美洲犹太人冰火两重天的命运。回忆录的书名是《最幸福的人》(*The Happiest Man*)。在这本书里，前边诸章充满了令人振奋的乐观气息，然而最后一章，波吉尼特夫妇也清醒地认识到纳粹统治下的欧洲大陆存在的隐忧。如果《最幸福的人》在 1945 年出版，也就是大屠杀被曝光的那一年，这本书也许会有另外一个书名吧。

名企业家也是有意义的——当然，这个行业也是残酷无情的，但是它允许像波吉尼特夫妇那样的移民一到新大陆就能找到一份有意义的工作。[①] 在路易斯第一次看见孩子们的小围裙后，他回到家便和妻子跳起了快步舞。当时他还什么都没有卖，他依然很贫穷、处境艰难，他也知道要实现他的计划需要许多年的艰苦劳动，但是他依然欣喜若狂，望不到头的艰苦劳动并没有使他觉得沉重不堪。当比尔·盖茨在湖滨学校第一次坐在电脑前的时候，他也有相同的感受。当甲壳虫乐队被告知要每晚 8 小时、每周 7 天演出的时候，他们也没有丝毫退缩。恰恰相反，他们急于接受任务。只有艰苦地从事没有意义的工作才称得上是艰苦工作。一旦这项工作变得有意义，它就会使你快乐地拉住妻子的手跳起快步舞。

在父母从事有意义工作的家庭中长大的孩子们获益极大，这也是服装业所带来的最重要的影响之一。试想一下，波吉尼特的后代在目睹了家族事业辉煌成长历程之后学会了什么。他们学到了将近一个世纪后 9 岁小男孩儿亚历克斯·威廉学到的一切——从事法律或医生职业从一开始就需要具备的品质：如果你努力工作，维护自己的利益，运用你的智慧和想象力，你就能在现实世界中实现自己的愿望。

---

① 必须明确的一点是：说服装业的工作有意义，并不代表要美化它。这个行业条件之恶劣，劳动之艰苦非常人所能想象。19 世纪 90 年代的一份调查显示，服装产业的平均工作时间是每天 12 小时，也就是说，有时候工作时间要超过 12 小时。“在繁忙的季节，”《三角大街：改变美国之火》（*Triangle: The Fire That Changed America*）一书的作者戴维·冯·德瑞尔说，“你根本找不到坐在凳子上的工人，他们都俯身于缝纫机或熨斗台，从早上 5 点忙碌到晚上 9 点，每周工作超过 100 小时。据说在最繁忙的季节，下东区那些服装厂的机器，无论日夜从来就没真正停下过。”

一代新人胜旧人

1982年，社会学研究生路易丝·法卡斯（Louise Farkas）在纽约和迈阿密海滩的许多家养老院和公寓旅馆进行了调研。她在寻找跟波吉尼特夫妇一样的移民——19世纪末20世纪初跟随移民潮来到美国的那批移民——以及他们的子孙。法卡斯为每一个受访家庭建立了家庭族谱，记录父母、儿女、孙辈，甚至曾孙辈的职业情况。[12]

下面是她记录中的“第18号受访者”的情况：

> 一名俄国缝纫技工来到美国，在一家缝纫针专卖店工作，工资很低。后来他把衣服拿到家里做，在妻子和大儿子的帮助下完成。为了多赚钱，他通宵达旦地工作。后来，他把自己做的衣服拿到纽约的街上卖。在他积累了一些资本后，他和儿子一起担着风险开始做生意。他们开了一家男装店。慢慢地，他们成为几家男装店的供货商……父子联手经营的店铺越来越兴旺……儿子的孩子也成为受过高等教育的专业人士。

这个家族的职业情况如下：

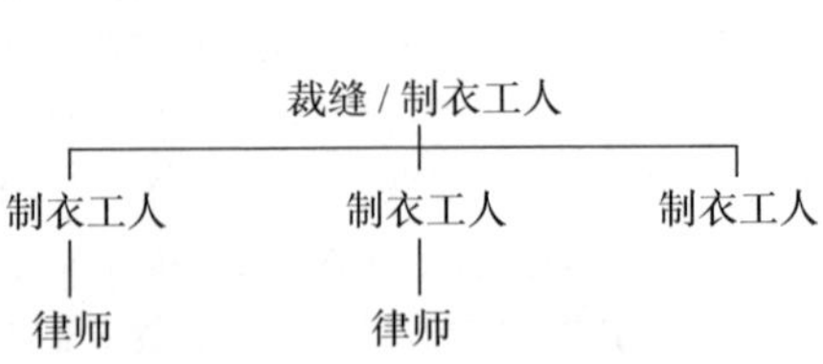

图5–1　受访者家族图谱1

下面是另一个家族的情况。这个家族的第一代移民是 19 世纪末来到美国的波兰制革工人：

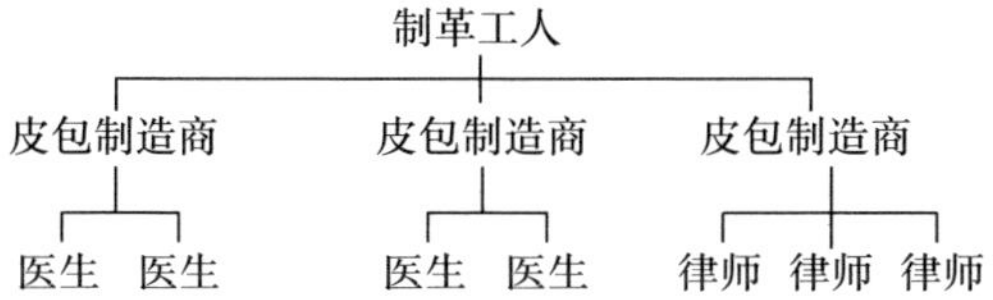

图 5–2 受访者家族图谱 2

法卡斯建立的犹太人家族图谱有几页纸，每一个图谱都与上面的类似。据此，我们可以得出以下结论：犹太人后裔卑微的家族出身并没有阻挡他们成为医生和律师。恰恰相反，他们能够成为专业人士正是因为他们出身卑微。

特德·弗里德曼是 20 世纪七八十年代著名的诉讼律师。他回忆当年他还是小孩子的时候，母亲带他去卡内基音乐厅。他们当时很穷，住在布朗克斯区最偏远的地方。他们是怎么买得起票的？“玛丽收了我们 25 美分。”弗里德曼说，“玛丽是卡内基音乐厅的售票员，如果你私下给她 25 美分她就能让你站在音乐厅二楼，不需要门票。音乐厅自然不知道这些事，这只是你跟玛丽之间的交易。虽然我们住得离这儿有点儿远，但每个月也能听上一两次。”[①]

---

① 对犹太人成功的解释通常是，他们自古以来是一个有修养或有智慧的民族。他们被称为“好书之人”。这个当然也发挥了作用。但犹太人之所以能上法学院，并不是因为他们是犹太人，而是因为他们是制衣工人的后代。他们之所以能够成功，不是因为他们接受过严格的犹太法典教育，而是因为通过看父亲如何在赫斯特大街卖围裙而学到了真正的知识。

弗里德曼的母亲是俄国移民。她几乎不会说英语。但是她却从 15 岁起就成了专业的女裁缝，并且成为制衣工会的领导人。她学到的是怎样主动利用自己的说服能力，让孩子进入卡内基音乐厅。对于一个成长中的律师苗子来说，这种言传身教是最佳的教育方式。制衣业是各种职业的训练营。

乔·弗洛姆的父亲从事什么工作？他是一名女装垫肩裁缝。罗伯特·奥本海默的父亲是做什么的？他是一个服装生产商，就跟路易斯·波吉尼特一样。在弗洛姆办公室的楼上，是巴里·高芬柯的办公室。高芬柯在世达律师事务所的时间跟弗洛姆一样长，多年来他一直掌管着公司重要的诉讼部门。巴里·高芬柯的母亲是做什么的？他母亲是一个女帽商人，在家制作帽子。路易斯和瑞吉娜的两个孩子又是做什么的呢？他们读了法学院，他们的孙辈中起码有 9 个人最后成为律师或医生。

下面是法卡斯研究中最引人注目的一个家族。这个犹太家族的第一代移民来自罗马尼亚。他们在老家时是开杂货铺的，来到纽约后他们也在曼哈顿下东区从事相同的生意。这个图谱清晰地解释了乔·弗洛姆这样的人来自何方：

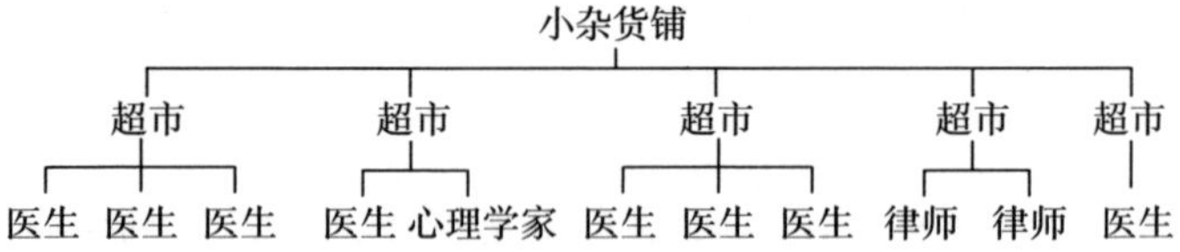

图 5–3 受访者家族图谱 3

成功不是随机事件

在世达律师事务所总部北面 10 个街区以外的曼哈顿中心，是作为弗洛姆的最大竞争对手的公司的所在地。这家律师事务所被称为世界顶级的律师事务所。

这家公司的总部坐落在声名显赫的黑石大楼。想进入这家公司工作可不是一件容易的事。跟纽约其他主要律师事务所不同，其他事务所大多有数以百计的分公司，办公室遍布世界各国首都，而这家公司只有曼哈顿总部大楼一处办公室。他们拒绝的案子比他们接的案子都多。和其他所有竞争对手不同，他们的酬劳不按小时收取，他们只针对案件一次性收费。有一次凯马特①要打一场并购官司，这家律师事务所为两个星期的诉讼工作收取了 2 000 万美元，凯马特马上同意，并且双方合作得非常愉快。他们的律师如果不能比你更聪明，就一定比你更勤奋；如果不能比你更勤奋，他们就会不择手段，直到最后取得成功。在过去 20 年间，就律师人均利润而言，没有任何一家公司比这家公司赚得多。弗洛姆办公室的墙上，在弗洛姆和老布什、克林顿合影的边上，就挂着他和这家竞争对手公司合伙人的合影。

在纽约法律界，没有人能比这家律师事务所的 4 位创始人更聪明、更有抱负、更努力工作了。但是，我们的读者现在对此已有自己的认识了：成功不是随机事件。成功是一系列可预知的、强而有力的优势环境和机遇带来的结果。至此，我们已经调查了比尔 · 乔伊、比

① 凯马特（Kmart），世界第三大连锁超市，创立于 1899 年，主要分布在美国、澳大利亚和新西兰。——译者注

尔·盖茨、职业冰球队员、“特曼人”、乔·弗洛姆、詹克洛父子和波吉尼特夫妇的经历，我们不难找到最优秀的律师的成功原因。

他一定生于人口出生率低谷时期，一定在纽约公立学校状况最好的时候读书，一定顺利地开始其职业生涯。他应该是一个犹太人，因此被城里的老牌律师事务所以“出身”问题拒于门外。他的父母一定在服装业从事有意义的工作，父母将自主性、复合性和付出就有回报的理念传递给他们。他上了一所好大学——当然未必是顶级学校。他在班里不一定是最聪明的，但也应当是足够聪明的。

事实上，我们的预测可以更准确。正像19世纪的企业巨头，20世纪的软件巨头都有一个最佳出生年份一样，纽约的犹太律师也存在一个最佳出生年份。这个年份就是1930年。出生在那一年的人受惠于人口出生率低谷时代的各项好处。这个年份出生的人，到了1970年正好40岁，正值纽约法律界发生变革之时——开始了为期15年的企业并购黄金时代，而此时的“白鞋公司”律师们却任由机会流逝。如果你想在这一时期成为纽约大律师，圈外人的角色会对你有利，父母从事有意义的工作会对你有利，出生在20世纪30年代早期也会对你有利。但是如果你同时拥有这3个有利条件，外加聪明才智与驱动力，那么，这些优势形成的力量将势不可当。这就好比你立志成为冰球运动员，又恰巧生于1月1日。

这家坐落于黑石大楼的律师事务所就是大名鼎鼎的沃切尔·利普顿·罗森·卡茨律师行（Wachtell, Lipton, Rosen & Katz）。公司的第一位合伙人是赫伯特·沃切尔，他生于1931年，在布朗克斯区范·科特兰特公园对面的成衣业工人工会宿舍长大。他的父母是来自乌克兰的犹太移民。父亲和兄长均经营女士内衣生意，工厂就在现在的苏荷区百老汇大街和春天大街交会处的一栋6层楼的顶层。沃切尔在1940年进入纽约公立学校，大学就读于曼哈顿上城的城市学院，后来又去了纽约大学法学院。

第二位合伙人是马丁·利普顿，1931年出生，也是犹太人后裔，父亲是工厂经理人。他就读于泽西城公立学校，高中毕业后考取宾夕法尼亚大学，后来去了纽约大学法学院。

第三位合伙人是雷纳德·罗森，1930年出生，从小家住布朗克斯，靠近洋基体育场。父母是来自乌克兰的犹太移民，父亲在曼哈顿服装工厂做烫熨工人。他于20世纪40年代在纽约公立学校读中学，然后考进曼哈顿上城的城市学院，后来去了纽约大学法学院。

第四位合伙人是乔治·卡茨，1931年出生，是东欧犹太移民后裔，在布朗克斯区那种每户只有一个单间的一层住宅楼长大。他父亲是卖保险的，住在几个街区以外的祖父是制衣厂的剪裁工。20世纪40年代他在纽约公立学校读中学，后来考取曼哈顿上城的城市学院，然后进入纽约大学法学院。

想象一下，在马奇罗斯律师事务所雅致的接待室，这4个刚从法学院毕业的年轻人正坐在一个蓝眼睛、白皮肤，有着“体面”背景的应聘者旁边。我们可能会押“体面”背景应聘者将来会成功。但是我们错了，因为沃切尔、利普顿、罗森、卡茨以及弗洛姆有着“体面”背景应聘者没有的优势，他们的世界——他们所处的文化、时代和家族历史——给他们提供了最佳的机会。

第二部分

文化传承

6

与祖先有类似生活环境的人，其行为方式也与祖先类似。

文化差异：小镇哈伦

血染哈伦

在肯塔基州东南部，阿巴拉契亚山脉延伸地带的坎伯兰高原上，有一个名叫哈伦的小城。[1]

坎伯兰高原是一块原始的山脊地带，两侧的山脉有 500 英尺[①]到 1 000 英尺高，狭长的山谷底部只有一条小道或一条小溪的宽度。当第一批移民来到此地时，他们发现这里到处是浓密的原始森林，巨大的北美鹅掌楸生长在山坳里和山脚下，有些树干直径达七八英尺。另外还有白橡树、山毛榉、枫树、胡桃木、无花果树、柳树、雪松、松木和铁杉，以及北半球大森林应有的各种各样的野生植物。地面上活跃着熊、美洲狮和响尾蛇，树梢上有数量惊人的松鼠，地下蕴藏着储量丰富的煤。[2]

1819 年，来自不列颠群岛北部地区的 8 个移民家族在这里建立

① 1 英尺约等于 0.30 米。——编者注

了哈伦县。他们的祖先在18世纪从英国移民到弗吉尼亚。之后，为了开拓更多土地，他们不断向阿巴拉契亚山脉以西挺进。这个小县城一直很贫困。在建城的头100年里，这里的人口很少，很多时候不足1万人。第一批移民刚到这里的时候，他们只能养猪、放羊，在山谷中辛苦维系着小片耕地。他们也会在后院酿一些酒。到了春天，他们会利用坎伯兰河上涨的河水，将上游砍伐的树木用漂流的方式运下来。直到20世纪的时候，从哈伦到最近的火车站还至少要坐两天的马车才能到达。出入哈伦的唯一通道是翻越松树岭——一条9英里长的泥泞不堪且乱石当道的山路。哈伦县是一个与世隔绝的奇异地方，外部世界对它知之甚少。唯一能使人想起哈伦的，大概就是开辟哈伦的第一批移民中的两大家族——霍华德家族和特纳家族——之间的恩怨情仇了。

霍华德家族的族长名叫萨缪尔·霍华德，他在当地创建了法院和监狱；特纳家族的族长名叫威廉·特纳，他拥有一家旅馆和两家当地的主要商店。一次，一场暴风雨吹倒了特纳家的院墙，于是邻居家的牛越界到他家的地盘上吃草。特纳的孙子“恶魔吉姆”开枪打死了牛。那个邻居反而因惧怕因此遭受牢狱之灾而逃离了小城。又有一次，有人新开了一家商店，影响到了特纳家的家族生意。特纳家就派人去找新店老板。新店老板在无奈之下只能关张大吉，卷铺盖远走印第安纳州了。当地人对这两大家族都敢怒不敢言。

有一天晚上，维克斯·霍华德和小鲍勃·特纳——两人分别是萨缪尔和威廉的孙子——在一起玩扑克牌。其间，双方都指责对方作弊，当晚他们打了一架。第二天，双方在大街上一碰到就爆发了一场枪战，小鲍勃·特纳胸部中弹当场毙命。特纳家派了一队人马到霍华德家经营的商店，一碰见霍华德太太便破口大骂。霍华德太太备感羞辱，她将此事告诉了儿子威尔士·霍华德。第二个星期，在前往弗吉尼亚哈根镇的路上，威尔士·霍华德和威廉·特纳的另一个孙子威尔·特纳发生枪战。当晚，特纳家的人袭击了霍华德的宅子。后来双方家族的人又在县城法院外大动干戈。枪战中，威廉·特纳的孙子威尔·特纳中弹身亡。霍华德家这时派人到特纳家面见特纳太太——威尔·特纳和小鲍勃·特纳的母亲提出休战。特纳太太拒绝了休战请求，她指着儿子身亡之处的血污说："血债是要用血来偿还的。"

事情随即向更糟的方向发展。威尔士·霍华德在附近的萨尔弗·斯普林斯镇碰见小乔治·特纳，双方再次发生枪战，小乔治·特纳身亡。霍华德家的人随后又伏击了特纳家的世交卡伍兹家族的 3 个人，并且打死了他们。特纳家的人马开始四处搜寻霍华德家族的人复仇。之后的枪战又造成 6 个人死伤。威尔士·霍华德得知特纳家的人在找他，于是回到哈伦偷袭了特纳家族。但是在他偷袭后的返程中又遭到对方的伏击。枪战中又有一人身亡。威尔士·霍华德接着直奔乔治·特纳家想杀了乔治，但扑了个空，枪战中又有一人被杀。特纳家的人马包围了霍华德家族驻地，接着又是一场混战，更多的人死伤，整个县城秩序大乱。19 世纪的美国人民生活在一片和谐之中，然而，肯塔基州的哈伦县却不在其中。

"别再叫了！"当时，威尔·特纳的母亲冲着在法院外的混战中受伤、在家里疼得嚎叫不止的威尔厉声喝道，"死就死得像个男人，像你哥哥一样！"威尔的母亲显然对枪伤所能造成的致命后果非常清楚，她明白该怎样迎接这一切。于是威尔闭上了嘴，悄然死去。

荣誉文化

想象一下，现在你穿越时空，来到19世纪末的哈伦县，调查“霍华德–特纳”世仇案。你传唤了所有幸存者，详细审问每个当事人。你调来所有卷宗、证词，研究法庭记录，直到你理出一条能够串起每个阶段细节和详情的清晰线索。

你能获得多少信息？答案是，没有多少。你只是知道哈伦这个地方的两大家族有世仇，身负多条人命的威尔士·霍华德应该被绳之以法。你只有对暴力背后更广阔的图景有所认识，才能最终理解哈伦事件背后的真正诱因。

哈伦事件中需要搞清楚的第一个关键点是，就在霍华德家族和特纳家族互相仇杀的同一时期，阿巴拉契亚山脉地区的许多地方都有类似案件发生。另一桩类似案件是发生在离哈伦不远的西弗吉尼亚州和肯塔基州交界的“哈特菲尔德–麦考伊”世仇案，其间几十人死于长达20年的暴力冲突。发生在肯塔基州佩里镇的“弗伦奇–艾文索”世仇案，导致12人死于非命，其中6人被“邪恶的汤姆·史密斯”杀害［约翰·皮尔斯在《暗无天日》（*Days of Darkness*）一书中写道，这个人几乎不怎么说话，他是一个亡命之徒，他能带来的除了恐慌就是枪击］。在19世纪80年代中期肯塔基州罗文县的“马丁–特利弗”世仇案中，发生过3次伏击战，曾有100多人武装混战了两个多小时。1806年，肯塔基州克莱县的“贝克–霍华德”世仇案，始于双方在猎鹿俱乐部的反目。直到 20 世纪 30 年代，霍华德家族的人还在一次伏击中枪杀了 3 个贝克家族的人。[3]

以上还都是一些知名的案子。肯塔基州议员哈利·卡迪尔有一次在坎伯兰地区某个镇的巡回法院办公室，发现了从 19 世纪 60 年代南北战争结束到20世纪初，总共1 000多起谋杀案诉讼的卷宗。要知道，这个镇的人口在历史上从来没有超过 15 000 人——事实上，还有更多暴力案件根本没有被提起诉讼。卡迪尔提到了布雷斯特镇（又称“血腥布雷斯特镇”）的一次谋杀案审判。案件结局颇具戏剧性。被告的父亲，“一个 50 多岁，留着八字胡，左右手各持一把枪的男人”，径直走向法官，夺下法官手中的小木槌：

> 这个被仇恨冲昏了头的家伙用小木槌敲着长凳大声宣布：“休庭！众人都回家去吧！伙计们，我们这里不再需要法庭了！”气得涨红了脸的法官在此人的威逼下只好休庭，并马上撤离了镇子。过了几天，在 60 名武装民兵的保护下，法院才得以第二次开庭。但是被告并没有到庭受审，因为他已经在仇家的一次伏击中命丧黄泉了。

当一个家族与另一个家族发生暴力冲突时，世仇就产生了；当同一山区的许多地方在同一时期发生大大小小的世仇案时，这种世仇就形成了某种模式。

阿巴拉契亚模式（Appalachian Pattern）产生的原因是什么？多年来众说纷纭。但大家似乎在一个问题上达成了共识：一种被社会学家称为“荣誉文化”的东西使暴力蔓延到这里的每一个角落。

“荣誉文化”植根于高地或富庶地区的边缘地带，如意大利的西西里岛和西班牙的巴斯克山区。这种解释的逻辑是，当人们居住在多岩石的山坡地带时，由于那里的土地很难耕种，人们大多会依靠放牧生活。游牧文明和耕种文明大相径庭。从事耕种的农民要想维持生计依靠的是人与人之间的合作，而从事游牧的牧民所依靠的更多的是自己。农民不必担心他们的庄稼一夜之间就被人全部偷走，除非盗贼有本事一个晚上就把地里的所有庄稼收割完。但是牧民就有这样的担忧。实际上，他们一直生活在牲口被偷，整个生活被毁的恐惧之下。所以他们养成了好斗的性情：他们必须通过自己的言行表明自己不是弱者，要对危及他们名誉的哪怕是最轻微的挑战予以最坚决的反击——这就是“荣誉文化”的含义。在游牧文化所在的地方，荣誉感往往是当地男性的存在感与自我价值的中心。[4]

“年轻牧羊人的尊严产生于第一次争吵的关键时刻。”民族志学者 J. K. 坎贝尔在一篇论述希腊牧羊文明的文章中写道，“争吵必然发生在公共场合，可能在咖啡馆，也可能在广场，更可能发生在两家牧场的边界——一家的牲畜因跑到另一家的地盘而被人骂，被人用石头驱赶的时候，暴力回应便不可避免。”[5]

阿巴拉契亚模式从何而来？它来源于移民的原住地。在美国，有一些可被称为“穷乡僻壤”的地区：从宾夕法尼亚州南部边界开始算，至弗吉尼亚州以西，还有西弗吉尼亚州、肯塔基州、田纳西州、北卡罗来纳州、南卡罗来纳州，以及亚拉巴马州北端和佐治亚州。这些地区的居民来自世界上“荣誉文化”最根深蒂固的地区：苏格兰南部低地、英格兰北部各郡，以及北爱尔兰阿尔斯特地区。

在英国，这些边陲地区——正如我们所知——都是“天高皇帝远”的穷乡僻壤，数百年来，这些地区的争端从未停止过，当地人一直生活在暴力冲突之中。这些牧羊人竭尽山地所产，在贫瘠的土地上艰难维生。在这样的地方，家族成员往往会紧密团结在一起，以应对外部世界的粗鲁与混乱，他们逐渐形成了无条件以鲜血捍卫忠诚的品性。当这些移民来到北美，进入美国那些同样偏远的、不受政府法律管辖的山区或土地肥沃的边界地区（如同哈伦县那样的地方）时，他们就将旧世界的“荣誉文化”完好无损地移植到了新世界当中。

“对第一批定居者来说，美国的穷乡僻壤跟他们以前所在的英国边陲地区一样危机四伏。”历史学家戴维·哈基特·菲舍尔（David Hackett Fischer）在其著作《阿尔比恩的种子》（*Albion's Seed*）中写道[6]：

> 苏格兰南部边境的许多地方都是“有争议的地区”，在缺乏政府有效管制和法律约束的情况下，经常会发生土地争夺事件。住在这种混乱的地方的人更愿意待在家里。人们因而形成了特定的英雄道德，特定的耕种、牧羊文化，特定的对土地和财富的态度，特定的对工作和权力的认识，以及特定的家族系统。这种环境下形成的边境文化十分完善，经常被生活在类似环境的其他民族复制。英国北方边境的这种道德观念主宰了这个“黑暗又血腥的地方”，部分原因在于人口的压力，但更主要的原因是这是一

种在原始和危险的环境中生存下去所必需的手段。①

“荣誉文化”可以用来解释美国南方的犯罪模式为什么如此独特。这些地区的谋杀率是全美国最高的。[7]但是，财产犯罪和“陌生人”犯罪——例如抢劫案——却很少发生。正如社会学家约翰·谢尔顿·里德所述：“美国南方地区的凶杀案件似乎都发生在熟人之间，无论是案犯还是受害者，对作案动机都一清二楚。”里德进一步论述道：“有数据显示，那些能避免因言生事，避免与人通奸的老实、本分的美国南方人，和美国其他地方的人一样无害，甚至更无害。”在穷乡僻壤，暴力案件发生的原因不是私有财产，而是个人尊严，人们实际上是在为自己的荣誉而战。

多年以前，在美国南方工作的新闻记者赫德·卡特描述了自己参加一个案件陪审时的经历。里德引述道：

案件的主犯是一位住在加油站旁边的脾气不太好的老绅士。几个月以来，他总是被当作加油站服务员或是附近好事者开玩笑

① 戴维·哈基特·菲舍尔的著作《阿尔比恩的种子》明确论及了文化遗产发挥的长期历史作用（如果你读过我的第一本书《引爆点》，你会想起我当时论及保罗夜奔的故事）。在《阿尔比恩的种子》一书中，戴维认为在最初的150年里，有4类截然不同的英国人移民美国。第一类是清教徒，于17世纪30年代自英国东部移民到马萨诸塞州；第二类是骑士和佣工，于17世纪中期自英格兰南部移民到弗吉尼亚州；第三类是教友会教徒，于17世纪晚期到18世纪早期，自英国中北部移民到特拉华州山谷地区；第四类是英国边境移民，在18世纪时移民至美国阿巴拉契亚山脉地区。戴维非常明智地指出，这四种明显不同的文化塑造了美国这四个地方的不同特点，其影响延续至今。

的对象。他非常生气，并多次发出警告，却还是没能制止他们取笑他。一天清晨，当他再次遭到嘲笑时，他的愤怒终于通过左轮手枪爆发了。在该事件中，一人死亡，一人重伤，还有一人轻伤……当法庭请陪审团动议的时候，卡特是唯一一个投有罪票的陪审员。其他陪审员则认为："面对那样的羞辱，如果不用枪说话，他就算不上是个男人了。"

只有在"荣誉文化"中才会发生老绅士因为人格受辱而枪击他人的事件，也只有在"荣誉文化"中，法庭才会最终判决此项谋杀指控——因捍卫荣誉而发生的谋杀指控——不成立。

我发现，人们时常会以各种理由拒绝用文化差异这种更广阔的背景来思考问题。这是种族文化观念促成的结果，我们想要避免因为民族特性而对个人产生先入为主的偏见。然而，我们没有意识到，人们的确深受种族文化的影响。

如果我们想深入理解19世纪发生在肯塔基州小镇的世仇案件，我们就不得不回到过去——回到不止一两代人以前的过去。你需要回顾两个、三个，甚至四个世纪以前，需要考察大洋彼岸的欧洲国家，了解那些人是在怎样的地理环境下生存的。"荣誉文化"的理论前提是考察你从哪里来，这不仅要考察你本人是在哪里长大的，你的父母是在哪里长大的，你的祖父母是在哪里长大的，你的曾祖父母是在哪里长大的，而且要追溯到你的曾曾祖父母是在哪里长大的。这虽然有些不合常理，但却是一种很有价值的解释。不过，只有这种解释依然不够，最近的一项调查发现，民族的文化遗产才是这类事件背后更有力的诱因。

遗泽百世

20世纪90年代早期，密歇根大学的两名心理学家多夫·科恩（Dov Cohen）和理查德·尼斯比特（Richard Nisbett）就“荣誉文化”进行了实验。他们发现，哈伦县事件背后的模式很可能是早年英国边境争端遗留下来的产物。但是他们的兴趣主要集中在现代，他们有没有可能在现代社会找到“荣誉文化”的遗存线索呢？

两位心理学家为该实验召集了一批年轻的学生做志愿者，实验的目的就是测试这些志愿者对侮辱性言行的反应。[8]“我们坐下来仔细研究，什么事情会使这些18~20岁的年轻人产生被侮辱的感觉。”科恩说，“实验开始不久我们就用上了‘浑蛋’这样的词。”

实验是这样进行的：密歇根大学的社会科学院主楼有一个地下室，地下室狭长的过道两旁摆满了文件柜，志愿者首先来到楼上的教室，在教室里填完一份问卷后，他们需要按要求将问卷送到地下室走道尽头的另一间办公室。整个过程非常简单，似乎没有学术实验的意味。

对于其中的一半志愿者，整个过程仅止于此，他们属于对照组；另一半则是实验组，他们在实验中还会多经历一个情节。当拿着问卷进入地下室过道的时候，他们会迎面遇到一个人——一个实验工作人员，这个人会超前一步，拉开走道两旁的文件柜佯装找文件。本来就很窄的过道现在变得更窄了。当志愿者试图挤过去的时候，工作人员会表现得十分愤怒，他会将文件柜砰的一声关上，用肩膀顶撞志愿者，同时低声骂出关键词：“浑蛋。”

科恩和尼斯比特想精确测试这个词使被试者产生的反应。他们会仔细观察志愿者的面部表情，确定他们到底有多生气。他们还会握住志愿者的手，测试他们的握手力度和正常情况下相比有没有加重。他们也会在实验前和实验后采集志愿者的唾液样本，以此来检测其睾丸激素和皮质醇（刺激人进行反击的激素）含量是否因遭到羞辱而增加。最后，他们让志愿者读下面这段文字，并请就该故事情节的走向提供一个可能的预测：

> 吉尔和男朋友史蒂夫去参加一个派对。他们才到了20分钟，吉尔就把史蒂夫拉到一边，很显然，吉尔遇到了麻烦。
>
> “怎么了？”史蒂夫问。
>
> “是拉利，他明知道我们俩已经订婚了，今天晚上还两次对我动手动脚。”
>
> 吉尔回到派对的人群中，史蒂夫决定从现在开始观察拉利到底在干什么。果然，还不到5分钟，拉利又挤到吉尔身旁跟她搭讪。

如果你刚刚受到别人的侮辱，你会不会更倾向于推断史蒂夫将对拉利动手？

答案是，不一定。志愿者们对史蒂夫该如何回应的回答大相径庭。有些人的回应被其之前遭到的侮辱影响，有些人的则没有。志愿者的行为是否改变，并不取决于他们的情绪是否稳定，也不取决于他们是知识分子还是运动员，同样也不取决于他们的相貌。这其中的决定性因素——我想你一定已经猜到了——是他们来自何方。绝大多数来自美国北方的志愿者只把最后一个问题当作娱乐项目，一笑了之。他们握手的力度没有发生变化，其皮质醇水平甚至在下降，这似乎说明，他们在无意识的情况下平抑了刚才因受辱而波动的情绪。在来自美国北方的志愿者中，只有几个人认为史蒂夫会对拉利动手。

但是美国南方人呢？啊，天哪，他们的确被激怒了。他们的肾上腺素和皮质醇水平激增，他们握手的力度明显增强，他们所有人都认为史蒂夫一定会对拉利动手。

"我们接下来又利用胆小鬼游戏[①]进行了测试。"科恩说，"我们让志愿者再回到地下室过道，他们会在转弯处遇上另一名实验工作人员。此时过道受阻，只能容许一个人出入。这名工作人员身高 1.9 米，重 250 磅，以前是校橄榄球队队员，现在是学校酒吧的保安。我们要求他出现在实验者面前的时候摆出他在酒吧上班时的架势——酒吧里的保安在维持秩序时的架势。我们要看的是：志愿者会在距离该名工作人员多远的地方给他让道。我们相信，所有志愿者都会给这名工作人员让道。"

对于美国北方人，这次实验中的变量对其没有产生任何影响：无论刚才有没有受到侮辱，他们都会在距保安五六英尺的地方侧身为其让路；那些在实验中没有受到侮辱的美国南方人，最远会在距保安 9

① 胆小鬼游戏，又称胆量游戏，简单说来就是：两个驾车撞向对方的死对头，都希望对方会在最后一刻转动方向盘，而自己的胆量能战胜对方。——译者注

英尺的地方让路；那些受过侮辱的南方人呢？不到 2 英尺。叫一个美国南方人“浑蛋”会使他很想打架。科恩和尼斯比特在走道里观察到的现象就是付诸行动的“荣誉文化”：在实验中，来自美国南方的志愿者的反应，和百年前小鲍勃·特纳在指责维克斯·霍华德玩牌作弊时霍华德的反应一模一样。

文化传承的力量

这项研究的结果是不是有点儿奇怪？原先的结论是，与祖先有类似生活环境的人，其行为方式也与祖先类似。但是实验中的来自美国南方的志愿者的生活环境与其在英国的祖先大不相同。他们中许多人的祖先甚至都不是英国人，他们只是恰巧在美国南方出生并成长。他们中没有牧羊人，他们的父母也不是牧羊人。他们生活在 20 世纪晚期，而不是 19 世纪晚期。他们都是密歇根大学的学生，而密歇根大学是美国最北端的学校之一，这意味着美国南方的学生要出行数百英里来上学。但是，以上列举的所有因素都没有发挥作用，来自美国南方的学生的行为，依然像生活在 19 世纪肯塔基州哈伦县的边境居民一样。

“我们这项实验的受试学生，其家庭平均年收入在 10 万美元左右，这还是 20 世纪 90 年代的美元水平。”科恩说，“存在这种现象的美国南方志愿者并不是来自美国阿巴拉契亚贫困山区的学生。有些学生的家长还是亚特兰大可口可乐公司的中高层主管。然而，为什么我们还是会得出这个结论呢？为什么百年以后我们在他们身上仍能观察到这些现象？为什么这些亚特兰大城市里的孩子会和山区的牧民有相同的气质？”①

文化传承是事件背后更强大的力量，它根深蒂固，影响长存。经过数代传承，即便塑造文化的经济、社会、人口等条件已经消失，这种文化也会一直完好无损地留传下来。文化直接决定了我们看待世界的方法和行为模式，其作用如此巨大，以至于没有它，我们将无法认识世界。②

到目前为止，本书已经讨论了成功所依赖的优势积累模式：何时

---

① 科恩又做了其他实验来寻找“南方特质”的证据，但每次得到的结论都一样。[9]“有一次，我们用持续骚扰的方法测验志愿者。”他说，“在他们进入实验室后，我们要求他们将其童年时的生活画下来，在这个过程中，我们会安排另一个工作人员和他们一起作画，但是这名工作人员的作用是捣乱。工作人员会想尽一切办法打扰志愿者。比如他会把自己的画揉成团扔进废纸篓，或者丢到志愿者身上；他会偷志愿者的蜡笔，并且不再还给他/她；他还会不断叫志愿者‘小滑头’。我们在实验中观察到，美国北方人会表现出生气的模样，然而到达某一程度后，他们就不再生气了。而美国南方人一开始表现出来的生气程度较低，但是到达某一程度后，他们会迅速赶上美国北方人的表现并大大超越后者。他们好像马上就要气炸了，他们的情绪更激动，也更容易爆发。”

② 这些看待世界的方法和行为模式是如何一代代传承下去的呢？答案是通过社会遗传。想一想方言是如何传承的吧。戴维·哈基特·菲舍尔在谈到阿巴拉契亚原住民时说：“where 读成 whar，there 读成 thar，hired 读成 hard，creature 读成 critter，certain 读成 sartin，going 读成 a-goin，it 读成 hit，hit 读成 he-it，fire 读成 far，deaf 读成 deef，poison 读成 pizen，naked 读成 nekkid，itch 读成 eetch，bush 读成 boosh，wrestle 读成 wrassle，chew 读成 chaw，push 读成 poosh，shut 读成 shet，bat 读成 ba-it，be 读成 be-it，narrow 读成 narrer，window 读成 winder，widow 读成 widder，young one 读成 young-uns。”都认全了吗？如今，在阿巴拉契亚农村地区，人们的口音依然如此。方言的传承机制与行为模式和表现情绪的方式的传承机制是一样的。

何地出生、父母如何营生、成长环境如何，决定了你在社会中是否能取得成功。本书第二部分将讨论，我们从祖先那里继承而来的传统和行为模式，是否也在个人发展道路中发挥着决定性作用。我们将揭秘生活在不同文明中的人是如何通过其特有的文化取得成功的；同时寻找如何巧妙运用文化传承特性使人们获得更大成功的秘诀。我想我们能够解开谜题。

• 7

喝凉水也得有个先后顺序。

权力距离指数：
韩国飞机失事率

大韩航空 801 航班

1997 年 8 月 5 日早上 6 时整，大韩航空公司 801 航班的机长起床了。后来，调查员从机长家人的口中得知，那天他先是在健身房活动了一小时，之后回到家休息，研究晚上去关岛的飞行计划。在家的那段时间他打了个盹儿，吃了午饭。下午 3 点，机长早早动身来到大韩航空公司的枢纽港——首尔金浦国际机场。他的妻子说，他之所以走得早，为的是尽早做飞行准备。他是韩国空军战斗机前飞行员，已经在大韩航空公司服务 4 年了。他有 8 900 小时的飞行经验，其中包括 3 200 小时的大型喷气式客机的飞行经验。几个月前，他刚因成功处理了一起客机低空发动机事故而获得公司的安全飞行奖章。这位机长当时 42 岁，身体健壮，唯一一点儿小毛病是他 10 天前被检查出患有支气管炎。

8 月 5 日晚 7 时，机长、副机长和随机工程师碰面，完成了一些飞行前的手续。他们要驾驶的飞机机型是波音 747——世界航空工业的经典机型。这架飞机状况良好，曾经是韩国的“空军一号”。801 航班在晚 10 时 30 分离开停机坪，20 分钟后升空。飞机起飞时一切正常。8 月 6 日凌晨 1 时 30 分，飞机穿过云层，机组人员瞥见远处地面的灯光。

“是关岛吗？”随机工程师问。他停了一下，又说道：“是关岛，关岛。”

机长轻声一笑：“好！”

副机长向空中交通管制中心报告说“无积雨云”，并发出请求“雷达调至左侧第 6 号跑道”。

飞机开始为降落关岛机场做下降飞行。机长决定进行目视降落。此前他已经有 8 次从首尔飞关岛的经验，最近一次是在一个月前，他对这里的机场和地形已十分熟悉。起落架已经放下，襟翼已经下偏 10 度。[①] 1 时 41 分 48 秒，机长说：“打开雨刷。”随机工程师打开雨刷。此时外面正在下雨。副机长问：“不在视野范围？”他正在寻找跑道，但是没找到。1 秒钟后，近地警报系统的电子语音报告提示道：“500（英尺）。”此时飞机距地面高度只有 500 英尺——他们还没看见跑道，怎么就离地这么近了？2 秒钟后，随机工程师吃惊地说了一句：“嗯？”

1 时 42 分 19 秒，副机长说：“让我们做一次复飞。”意思是，让我们拉起飞机绕个圈，再次降落。

1 秒钟后，随机工程师说：“不在视野范围。”副机长说：“不在视野范围，我们无法着陆。”

① 这是飞机降落前的准备事项之一。襟翼是安装在机翼后缘附近的翼面，是后缘的一部分。襟翼可以绕轴向后下方偏转，从而增大机翼的弯度，提高机翼的升力。——译者注

1 时 42 分 22 秒，随机工程师再次重复：“复飞。”

1 时 42 分 23 秒，机长重复：“复飞。”但是他的拉升动作太慢，没来得及阻止飞机下降。

就在 1 时 42 分 26 秒，飞机撞上了机场以南 3 英里的尼米兹山。价值 6 000 万美元、重达 212 吨的飞机以 100 英里的时速撞上了山顶。飞机在地面滑行了 2 000 英尺，在撞断了一根输油管道和无数松树后跌入山谷，随即燃起熊熊大火。救援人员最终赶到失事现场。机上 254 人中共有 228 人罹难。[1]

祸不单行

在 801 航班事故发生的 20 年前，大韩航空的一架波音 707 客机在巴伦支海上空误入苏联领空，被苏联空军击落。这是一次事故，一次非常罕见的灾难，其实每架飞机发生这样的灾难的概率都相同。事故被按照惯例处理，经过调查、分析，人们总结经验教训，最后调查结论被束之高阁。

巴伦支海事故发生的两年后，大韩航空一架波音 747 客机在首尔坠毁。两年内发生两次空难可不是个好兆头。3 年后，另一架波音 747 客机在苏联的库页岛地区坠落；紧接着，1987 年，又一架波音 707 客机在安达曼海坠毁；1989 年，有两架飞机分别在利比亚的黎波里和韩国首尔失事；1994 年，一架飞机在韩国本土的济州岛坠落。①

① 大韩航空原名为韩国国家航空，关岛事故后更名为大韩航空。在巴伦支海事故之前的 1971 年和 1976 年，该航空公司还发生过两次航空事故。

为了说得更清楚一些，我们拿美国联合航空公司的“飞机损失率”和大韩航空的进行对比。联合航空 1988—1998 年的飞机损失率为 0.27%，也就是说，联合航空每飞行 400 万次，会在一次事故中损失一架飞机；而大韩航空同期的飞机损失率为 4.79%，是前者的 17 倍多。

美国国家运输安全委员会（National Transportation Safety Board，缩写为 NTSB）是专门负责美国国内飞行事故调查的政府机关。关岛空难发生后，NTSB 负责调查此次事故。按规定，调查报告必须包含自调查之日起到调查结束止大韩航空新发生的其他事故。大韩航空的事故如此之多，以至于调查人员在附件中列出了长长的一串：关岛空难发生整一年后，发生了大韩航空 747 客机冲出首尔金浦机场跑道事故；8 周后发生了喷气式客机冲出韩国蔚山机场跑道事故；在第二年 3 月发生了麦道 83 客机冲出浦项机场跑道事故；整一个月后又有一架大韩航空飞机在中国上海居民区坠毁。如果 NTSB 的报告再继续记录几个月，还有下面的事故：大韩航空货机在英国伦敦斯坦斯特德机场坠毁事故。在这次事故中，调查人员发现驾驶舱中的蜂鸣器报警达 14 次。

1999 年 4 月，美国达美航空、法国航空中止了与大韩航空的合作关系；驻韩美军旋即禁止其人员乘坐大韩航空飞机；美国联邦航空局降低了韩国的航空安全系数等级；加拿大官方也通知大韩航空管理层，他们正在考虑禁止韩国飞机飞越或降落加拿大。

正当大韩航空的安全记录处于舆论旋涡中时，一份第三方公司运营审计报告被曝光。虽然公司管理层以炒作和没有代表性为由，谴责这份长达 40 页的报告不负责任，但大韩航空的声誉仍因此受到重创。报告披露，机组人员在给飞机加油的时候随便在附近抽烟，有时也会在货舱抽烟，甚至在飞机升空以后还在驾驶舱抽烟。“机组人员在飞行期间看报纸。”报告中写道，“因为报纸挡住了机组人员的视线，使其看不到报警信号而发生的事故在大韩航空时有发生。”报告详细描述了机组人员的许多违反正确操作程序的做法。报告甚至得出了惊人的结论：公司对 747 客机机组人员的培训严重不足，以至于“假如机长因故无法操纵飞机，副机长很可能根本没有能力驾驶飞机安全着陆”。

在大韩航空上海坠机事故发生以后，时任韩国总统的金大中发表了相关声明。“大韩航空的问题已经超出单个公司层面，成为整个韩国的问题了。”他说，“我国的信誉已经不堪一击。”随后，金大中将原先由大韩航空负责的总统座机，转交给大韩航空的竞争对手韩亚航空。

但是，后来奇迹发生了。正是从那时起，大韩航空痛定思痛，励精图治，决心扭转自身形象。如今，大韩航空已是著名的天合联盟（Sky Team Alliance）[①] 成员。1999 年以来，该公司的安全记录全优。2006 年，久负盛名的杂志《国际航空运输》为嘉奖大韩航空的转变授予其“凤凰奖”。现在，任何一位航空专家都会说，在安全性上，大韩航空与世界其他任何一家航空公司相比都毫不逊色。

在本章，我们将针对空难进行一系列调查：听取飞机“黑匣子”录音，检查飞行记录，研究事故当时的天气状况、地面情况和机场条件，并将关岛空难和其他广为人知的空难做比较。我们将借此了解，大韩航空是如何从一家安全记录糟糕的公司转变成世界最好的航空公司之一的。也许你会觉得这些事故有点儿复杂，令人费解。但是我们最终将会

---

① 天合联盟，多家航空公司组成的国际航空服务网络，于 2000 年 6 月 22 日由法国航空、达美航空、墨西哥航空和大韩航空联合成立。——译者注

发现一个简单的事实——这一事实其实也存在于哈伦县的暴力案件历史和密歇根大学的“荣誉文化”实验之中：直到大韩航空明白韩国文化在事故中的核心作用，他们才最终找到了扭转公司状况的办法。

阿维安卡航空 052 航班

与电影中常见的空难不一样，现实中很少发生戏剧性的空难：引擎并不会在巨响之后爆炸，舵盘也不会随着飞机起飞而卡住，飞行员也不会身子紧贴座椅喘着粗气惊呼：“上帝啊！”就目前的发展水平而言，现代商业客机跟家用烤面包机一样可靠。空难在大部分情况下是一系列人为的小失误、机械的小故障累加的结果。①

① 这不只是空难的独有现象，其实这种现象在工业事故中很常见。在这方面，历史上最有名的是 1979 年宾夕法尼亚三里岛核电站事故。三里岛核泄漏对美国公众造成了巨大的影响，美国的核电站产业因此一蹶不振，影响至今。但三里岛核电站事故的起因却极具戏剧性。正如社会学家查尔斯·佩罗在其著作《正常意外》（*Normal Accidents*）一书中所述：电厂中被称为“抛光器”的大型水过滤系统出现了正常的堵塞物，造成水蒸气渗入供气系统，两个阀门自动关闭，阻挡了冷却水注入蒸汽锅炉。与其他核电站一样，三里岛核电站有备用冷却系统应对这种情况。但不巧的是，基于不为人知的原因，那天备用冷却系统阀门没有打开。而控制室里的备用冷却系统指示器上恰巧贴了一张修理单，人们根本没看到指示器报警。在备用冷却阀门没有打开的情况下，系统还应启动第 3 个备用安全阀门。但更不巧的是，第 3 个备用安全阀门那天也出了故障：本应关闭的安全阀门现在却是打开的状态。屋漏偏逢连夜雨，控制室用来显示安全阀门出故障的仪表本身也出了问题。当三里岛的工程师发现问题所在的时候，反应堆已经开始融芯了。

三里岛事故中没有单独的重大错误，而是 5 个各自独立但却同时发生的小问题的累积。这些小问题，要是在平时核电站日常运行中单独出现，根本不会产生任何影响。[2]

在典型的空难中，天气状况“差”——不一定“糟糕”——是常见的，飞行员在这种天气状况下会感觉比平时工作压力大，这是事故的关键。在绝大多数空难中，航班通常已经晚点了，飞行员大多在火急火燎地赶时间。空难中有52%的飞行员在之前12小时或更长的一段时间里没有睡过觉，也就是说，他们都是疲劳驾驶，脑子已经不灵活了。在44%的情况下，正副机长以前从未合作过，这样一来，他们之间就缺乏默契。空中一旦发生错误，问题就会不止一个。一场典型的空难通常包括7个人为错误。[3]飞行员犯了一个错误不会有什么问题，然后飞行员在前一个错误的基础上又犯了一个错误，接着是第3个、第4个、第5个、第6个，直到第7个，结果，正是所有错误操作的累加导致了最终的灾难。

而这7个错误很少与飞行技术或飞行知识上的缺陷相关，也很少源于飞行员间的技术分歧。造成飞机失事的症结主要集中在团队协作和相互沟通上。举例来说，通常一位飞行员并不一定会将自己感觉重要的问题告诉另一个人；或是一位飞行员操作失误，另一位却没发现；或者是解决棘手的状况需要一系列复杂操作——然而飞行员却没有协调好各方，也没有理顺操作程序或是漏掉了某个环节。

“飞机的驾驶控制台是为正副两位机长设计的，正常状态应该是一人操作另一人检查，或是两个人协同完成工作。”担任波音公司首席安全工程师的艾尔·温德说道，“飞行中的错误操作是不可原谅的。业内长期以来的飞行经验表明，两个飞行员在整个飞行过程中协同驾驶，比两个飞行员一人负责驾驶，另一人负责在第一个飞行员丧失飞行能力后再接管飞机要有效得多。”

让我们再看一个例子——1990年1月哥伦比亚阿维安卡航空052航班空难。这次空难体现了典型的“现代”飞机失事特征，是航空院校的必修案例。实际上，7年后的关岛空难重蹈了阿维安卡空难的覆辙，这个案例可以帮助我们理解大韩航空飞机失事的原因。

这趟航班的机长是劳雷亚诺·卡维德斯，副机长是毛里齐奥·克洛茨。他们从哥伦比亚的麦德林起飞，目的地为纽约肯尼迪机场。当晚的天气状况很糟糕，东北风十分强劲，空中还有浓雾。多个机场有多趟航班延误，纽瓦克机场有203趟，拉瓜迪亚机场有200趟，费城机场有161趟，波士顿洛根国际机场有53趟，肯尼迪机场则有99趟。因为空中交通拥堵，阿维安卡航空的这趟航班曾经3次被纽约空中交通管制中心拒绝降落，飞机在弗吉尼亚的诺福克上空盘旋了19分钟，在大西洋城上空盘旋了29分钟，又在肯尼迪机场以南盘旋了29分钟。

在降落时间被推迟了1小时15分钟以后，阿维安卡航空052航班终于获准降落。可就在飞机进场的时候，机场忽然遭遇强烈的风切变[①]。在下降阶段，飞机逆风飞行，不得不额外加力以获得所需速度。忽然，在没有任何征兆的情况下，迎头风消失了，飞机因为之前加力过猛，飞行速度过快，错过了第一次降落的机会。在遭遇风切变的情况下，飞行员一般会使用自动驾驶模式，然而当天这架飞机的自动驾驶模式出现故障，系统已经被飞行员关闭。在跑道尽头，飞行员不得不重新拉起飞机，再做一次复飞。飞机在长岛上空绕了大大的一圈，准备再次接近肯尼迪机场。突然，飞机的一个引擎熄火，紧接着，另

① 风切变，又称风切或风剪，指大气风速或风向在水平或垂直距离上发生的剧烈变化。——译者注

一个引擎也熄火了。“告诉我跑道在哪里！”飞行员大叫道，他奢望肯尼迪机场足够近，这样他可以依靠滑行进行安全降落。但此刻肯尼迪机场还在 16 英里以外。

这架波音 707 客机最后坠毁于网球明星约翰·麦肯罗的父亲在长岛牡蛎湾的私宅土地上。158 名乘客中有 73 人罹难。不到一天，坠机原因就浮出水面——燃油耗尽。飞机本身一点儿问题都没有，机场也没有任何过失，飞行员也没有饮酒，飞机就是因为燃油耗尽而最终坠毁。[4]

初探 052 航班坠毁

“这是一个典型案例。”资深飞行员苏伦·拉特瓦特（Suren Rat-watte）说。多年来他一直参与一项名为“人为因素”的研究，该项目主要研究人与复杂系统——如核电站、飞行器——之间的相互作用。拉特瓦特是斯里兰卡人，40 多岁，精力充沛。他自成年后一直驾驶商业客机。在他说这话的时候，我们正坐在曼哈顿的喜来登酒店大堂里。他驾驶的飞机刚从迪拜抵达肯尼迪机场。拉特瓦特对阿维安卡航空 052 航班事故非常了解。他开始列举这起空难的各种前兆：首先是东北风，其次是航班延误，再次是自动驾驶仪的小故障，还有 3 次长时间的空中等待——这不仅意味着额外 80 分钟的等待时间，还意味着低空飞行，飞机在低空飞行比在对流层以上空气稀薄的地方飞行要消耗更多的燃油。

“波音 707 这种老式飞机驾驶起来本来就有难度。”拉特瓦特说，

“这意味着你要进行许多操作，而且很多设备没有液压助力。控制台上的很多滑轮和拉杆直接与飞机金属表层相连。你必须有很好的体能才能开这种飞机。当你驾驶这种飞机在空中飞行时，你的体力消耗不亚于划船。我现在驾驶的飞机采用的是操纵杆，我只需要动几根手指就能使飞机轻松飞行。这种飞机的油门杆很大，因此很容易操纵，而波音707的操作仪器只有咖啡杯大小。一旦其自动飞行装置出了问题，机长就不得不关注这9个咖啡杯大小的油门杆。他要用右手控制飞机速度，左手操控飞机。这样他就已经累得半死，根本没有精力顾及其他事——特别是当他本来就已经很疲劳的时候。他的判断力在下降，开始漏掉一些操作程序，而这些事他在平时肯定不会忘。”

失事飞机的“黑匣子”显示，卡维德斯机长在最后一小时反复要求控制塔台用西班牙语为他引导航向，他好像已经不会说英语了。他9次要求塔台重复引导。“你大点儿声！”最后他这样叫道，“我听不见你在说什么！”当飞机在肯尼迪机场以南盘旋40分钟以后，驾驶舱的机组人员都清楚飞机的燃油马上就要耗尽了，机组人员本来可以要求飞机在费城机场降落的，毕竟飞机到费城机场只有65英里。但是机长最终没这么做——他好像锁定纽约了。在那次失败的降落中，飞机的近地警报系统响了不下15次，这是在告诉机长他飞得太低了，但是他好像根本没注意到这些提示。当飞机进入复飞程序时，他本应转个小圈赶紧回来，但是他却转了一个标准的大圈——他当时的确已经筋疲力尽。

然而自始至终，整个驾驶舱一片寂静。虽然机长身边坐着的是副机长毛里齐奥·克洛茨，但在飞行录音中除了沙沙声就只剩下飞机引擎的轰鸣声。在机组分工中，克洛茨负责与空中交通管制中心联络。也就是说，他当晚扮演着关键角色，但是他的行为却出奇地消极。直到他们降落肯尼迪机场的请求被纽约航空管制员第3次拒绝，克洛茨才告诉空中交通管制中心他们觉得飞机燃料不足以使飞机飞到其他备选机场了。机组人员收到空中交通管制中心的回复是“继续等待”，之后联络陷入沉寂，再次联络则是等到空中交通管制中心通知机组人员他们“可以进入肯尼迪机场”。调查员后来假设，当时机组人员一定认为空中交通管制中心把他们的降落顺序安排到数十架等待降落的飞机列表的最前面了。但实际上，航空管制员把他们的飞机加在了降落列表的最后。对这一关键性问题的误解，决定了飞机之后的命运。难道机组人员在接到“继续等待”的回复时没有马上提出异议，说明情况吗？没有。并且机组人员在随后的38分钟也没再向空中交通管制中心提及燃料不足的情况。

成功化解空中危机的案例

对于拉特瓦特来说，驾驶舱里悄无声息一事令他觉得难以理解。为了解释他为什么会有这种感觉，拉特瓦特谈起从迪拜来纽约途中发生的一件事。“飞机上有一位老妇人，”他说，“我们怀疑她中风了，她不停地抽搐，还伴有呕吐症状，当时的情况十分糟糕。她从印度来，她的女儿在美国。她的老伴与她同机，但他既不会说英语，也不会说印地语，他只会说旁遮普语，没人能听懂他说的是什么。从相貌上看，他就是一个旁遮普邦的农村老头儿，身无分文。当时，飞机正在莫斯科上空飞行，但是我不打算在莫斯科降落，因为在那里我不敢确保当事人能获得及时的救治。我对副机长说：‘你来操纵飞机，我们转飞赫尔辛基。’”

问题马上来了，这次飞行是长途飞行，旅程还未过半，现在降落就意味着飞机要承载比平常降落时更多的燃油负荷。“飞机现在的重量超过最大降落负载 60 吨，”他说，“所以我必须做出选择。我可以在空中放油。但瑞典为了防止污染，一定会引导我的飞机在波罗的海上空放油，这样就会多耽误 40 分钟，老人的性命能不能保住就更难说了。我决定无论如何都要尽快降落。”

这就意味着飞机必须在超重状态下着陆。他们无法利用自动降落系统，因为自动降落系统的设计不支持超重降落。

“在这种情况下，我就需要亲自控制飞机。”他继续说道，“我必须保证飞机在着陆时非常平稳，否则这种着陆方式就可能对飞机造成结构性损害。但在这种超重情况下着陆依然会造成许多麻烦。当飞机第一次降落失败，需要复飞时，若跑道长度不够就可能无法让飞机获得足够的动力。”

“降落前需要做许多准备工作，多得就好像我在玩杂耍抛接球，我得把每个球都接住。因为是长途飞行，所以我们多配备了两名飞行员。他们当时正在休息，我把他们叫来帮忙，确保我们的每项工作都能按正确的步骤完成。现在我们有 4 个人，他们的协助的确发挥了很大的作用。我以前从未飞过赫尔辛基，我对那里的机场不熟悉，对其跑道长度也没概念。我首先要找准进场通道，确定我们到底能不能在那里降落，然后明确各项进场参数。最后我还要通报公司我们正在采取的行动。有一阵，我得同时与三方通话：跟迪拜通话；呼叫亚利桑那的一个紧急救助站，让他们找两名医生待命；跟机上照顾老妇人的两名医生沟通。那40分钟我一刻也没闲着。”

“我们很幸运，赫尔辛基的天气很好。”他说，“如果飞机进场的时候遇到坏天气，而且飞机还超重，再加上降落在一个不熟悉的机场，那可不是什么好事。芬兰是一个发达国家，这里的设施很完善，机场管理也很灵活。我对他们说：‘我的飞机超重了，打算逆风降落。’我这样做为的是能降低降落速度。他们说，没问题。于是当地塔台引导我朝与他们平常相反的降落方向进场。他们还允许我们飞越市区，而平时为了避免噪声，他们是不允许我们这样做的。”

让我们想想整个降落过程需要拉特瓦特具备哪些素质。首先他必须技术过硬，这一点的重要性毋庸置疑：他必须具备超重降落的技术能力。但是拉特瓦特为成功降落所做的各项准备却完全与飞行技能本身无关。

首先他要权衡飞机超重降落的利弊和老妇人的生命安危，一旦他做出决定，他就需要进一步考虑飞机降落在赫尔辛基和莫斯科对病人意味着什么。之后他必须迅速自学从未接触过的机场降落参数：确定他到底能否驾驭这架庞大的飞机，以超重60吨的状态安全降落。但是在这一切行动之前，他必须与乘客、医生、机组人员沟通，还要叫醒正在休息的另两名飞行员，并向迪拜的上司汇报，同时与赫尔辛基的空中交通管制中心协调一致。可以负责地说，降落前的40分钟，他忙于安抚乘客，以及与赫尔辛基空中交通管制中心协调，驾驶舱里不可能有片刻的安静。这次降落要求拉特瓦特必须具备一定的沟通素质。这里的沟通不仅意味着向机组下达降落指令，还意味着鼓励、安抚、说服他人，与他人商讨，以及用清晰无误的语言与他人共享信息。

再探052航班坠毁事件

作为对照，我们再看一下阿维安卡航空052航班在第一次降落期间机组人员的对话记录。当时的天气状况很糟糕，浓雾使卡维德斯和克洛茨无法确认飞机所处的方位。下面，在关注他们对话内容的同时，也请注意他们对话的语言结构，尤其是对话的时间间隔，以及副机长克洛茨的反应。

卡维德斯：跑道在哪里？我看不到，我看不到！

他们收起起落架。机长让克洛茨与塔台联系，请对方提供机场进场航线。10秒钟过去了。

卡维德斯：（似乎自言自语）燃油不够了……

17秒过去了，机长与副机长讨论了一下技术问题。

卡维德斯：我不知道这跑道到底是怎么回事，我怎么就是看不见！
克 洛 茨：我也看不见跑道。

航空管制员联络上驾驶舱，告诉他们向左转。

卡维德斯： 跟他们说我们状况紧急！

克 洛 茨：（对空中交通管制中心说）好的，航向 180 度。呃，我们会再试一次，我们马上没油了。

请想象一下当时的场景。飞机燃油即将耗尽，正处在危急时刻。刚刚的第一次降落失败了，他们不知道飞机还能坚持多久。机长惊呼："跟他们说我们状况紧急！" 而克洛茨说了什么？"好的，航向 180 度。呃，我们会再试一次，我们马上没油了。"

首先，我们看一下"我们马上没油了"这句话。这句话在空中交通管制术语中没有任何意义。严格来讲，所有的飞机在到达终点时都处于燃油耗尽的状态。克洛茨的意思是说 052 航班没有足够的燃油做一次转降其他机场的飞行了？还是说他们开始注意到油量消耗的情况了？其次，琢磨一下这段关键语句的语言结构。句子的开头是克洛茨回应航空管制员例行的进场航线引导，直到第二句后半段他才提到燃油不足的事。这就好像他在饭店说："是的，我要杯咖啡。呃，还有，我被鸡骨头卡着了。" 那你到底是想让服务员为你提供什么服务呢？与克洛茨通话的那个航空管制员后来证实，他当时"只把后半段话当成附带提醒"。航空管制员的误解是有缘由的，当晚天气恶劣，航空管制员满耳听到的都是飞行员关于飞机燃油马上将要耗尽的抱怨。甚至，克洛茨插在两句之间的"呃"也降低了他所述内容的严重性。那晚与 052 航班通过话的另一个航空管制员形容克洛茨“语调冷淡……声音中丝毫听不出紧急之意”。

严禁客套

语言学家指出，克洛茨在当晚说话时使用了“缓和性语气”（mitigated speech），这一术语是指低调处理所说内容以取悦听众。当我们表示礼貌、害羞、窘迫或对权威的恭敬时，我们会使用缓和性语气。如果你想请你的老板帮个忙，你肯定不会说：“我下周一要这个。”你会用缓和性语气说：“如果太麻烦就算了，但是如果周末前您能有时间看看这个，那就太好了。”在以上这种情境下使用缓和性语气是完全正确的。但是，如果在暴风雨之夜的飞机驾驶舱里用这样的语气，就有问题了。

语言学家乌特·菲舍尔（Ute Fischer）和朱迪思·奥瑞森努（Judith Orasanu）在一次情境实验中，要求机长和副机长们在以下场景中做出相应的回应[5]：

> 你注意到气象雷达显示前方 25 英里处有强降雨。此时，（负责驾驶的飞行员）正在以 0.73 马赫[①] 的速度飞行，而你们刚刚还遭遇了一场中度湍流。你想确保你们的飞机不进入这一降雨区。
>
> 你将以何种方式对那位飞行员表达此事？

---

① 马赫是速度与音速的比值，只是一个相对值，每 1 马赫的具体速度并不固定。马赫数大于 1，表示飞行速度比音速快；小于 1，表示飞行速度比音速慢。——编者注

菲舍尔和奥瑞森努认为起码有6种说服飞行员改换飞行程序，躲过降雨区的方式。这6种方式具有不同程度的缓和性：

1. 命令："右转30度。"这是在对某事特别关切时的最直接、最清晰的表达，缓和性为零。

2. 机组人员责任性陈述："我认为我们需要向右调整航向。"注意这里使用了"我们"，要求的精确度大为降低，语气稍微缓和。

3. 机组人员建议："让我们躲过坏天气。"这是不明确陈述，意思是"我们一起面对"。

4. 询问："你准备往哪边调整航向？"这种句式比机组人员建议更弱化，因为说话者表明飞机不在自己的掌控之下。

5. 偏好："我觉得我们向左或向右偏转比较好。"

6. 暗示："前方25英里处天气可能不太好。"这种语气是所有语气中最缓和的一种。

菲舍尔和奥瑞森努的研究发现，绝大多数机长在该情境下会以下达命令的方式提出要求："右转30度。"他们是在对下属说话，所以可以直言不讳；而副机长则是另一个极端，因为他们在和"老板"说话，所以他们绝大多数会选择用最缓和的语气来提出建议，他们采用了"暗示"。

菲舍尔和奥瑞森努的研究理解起来有些费劲儿，他们的研究结果也让人深感不安，因为"暗示"是最难解读和最容易被拒绝的对话方式。1982年，佛罗里达航空的一架客机在华盛顿失事，其间副机长曾

3 次告知机长机翼上方有结冰现象。我们只要看一下当时的对话记录，就会发现其中全是暗示性语句。[6]

副机长： 看看机翼上挂的这些冰吧，啊，后边儿，就在那儿，看到了吗?

然后：

副机长： 看看后面的那些冰柱，上面全是。

再然后：

副机长： 好家伙，这些冰除也除不掉。这么多冰，感觉很不安全。

最后，当他们获准降落的时候，副机长的语气上升了两个等级，到达“机组人员建议”等级：

副机长： 既然现在坐着没事儿，让我们再检查一下机翼上方。
机　长： 我想我们可以再等一会儿。

在飞机一头扎到波托马克河之前，副机长最后一次跟机长对话，此时他没有再使用“暗示”，也不是“机组人员建议”，更不是“命令”，只是对事实的陈述——这次机长表示了同意。

副机长：拉瑞，我们在往下掉，拉瑞。

机　长：我知道。

缓和性语气可以解释飞机失事事件中最令人费解的部分。在现代商业飞行中，机长和副机长应当共同承担飞行职责。但是从历史记录来看，坠机大多发生在机长独断专行，自己独掌飞行权限的情况下。这本身就有不合理的地方（即便机长是机组人员中飞行经验最多的一个）。在佛罗里达航空坠机事件中，如果副机长的角色与机长调换，他还需要暗示3次吗？当然不需要，他只需要简单地下达操作命令，飞机就不会坠毁了。为了更安全地飞行，飞机应由经验较少的飞行员驾驶。因为这样就意味着，经验更丰富的第二飞行员会在出现状况的时候大胆地说出自己的想法。

与缓和性语气做斗争，成为过去15年间商业航空业的主要战役。世界主要航空公司都要学习一门被称为“机组人力资源管理”的课程。课程主要训练机组中的新人如何清晰、有效地与他人沟通。例如，课程会教副驾驶员一套标准程序，以便在事态严重的情况下挑战机长的权威（“机长，我担心……”；然后是“机长，我认为……不妥”；如果机长对其提示仍旧置之不理，则使用“机长，我认为现在的情况很危险”；如果还不行，副机长可以自行接管飞机控制权）。航空界的专家会告诉你，这场针对缓和性语气的战役比任何其他措施都更加有效——近年来的航空事故因此大为减少。

“我们公司在这方面也采取了一个小措施，就是要求机长和副机长之间直呼其名。”拉特瓦特说，“我们认为这样做是很有帮助的。要表达‘机长，你这个处理错了’的意思，用‘机长’这一称呼时比直呼其名时要难得多。”拉特瓦特对缓和性语气的态度很严厉，人们不能只把阿维安卡事故当作案例来学习，还要身体力行地去防患于未然。他继续说道：“我个人也在这方面做出了努力，我试着放低身段。我对我的副机长说：‘我现在不经常驾驶飞机了，每个月才飞三四次。你现在飞得比我多。如果你什么时候看到我的操作有误，你就要告诉我，帮我一把。’我希望这样能帮助他们大胆说出自己的想法。”

052 航班的最后时刻

让我们再回到阿维安卡 052 航班的例子中。此时，飞机第一次降落失败，正离开肯尼迪机场进行复飞。克洛茨正通过电台与塔台联络，询问他们何时可以再次降落。机长卡维德斯此时转向他。

卡维德斯： 他们怎么说？

克 洛 茨： 我已经告诉他们我们准备再试一次，因为我们没有……

随后是 4 秒钟的寂静。

卡维德斯： 告诉他们我们现在状况紧急！

又是 4 秒钟寂静，机长又发问了。

卡维德斯：你告诉他们了吗？
克 洛 茨：是的，长官。我已经告诉他们了。

克洛茨与塔台通话，确定进场航线细节。

克 洛 茨：航向 150，高度保持 2 000，阿维安卡 052 航班。

机长此刻已处在崩溃的边缘。

卡维德斯：告诉他们我们没油了！

克洛茨重新用电台联络塔台。

克 洛 茨：爬升高度保持 3 000。嗯，我们的燃油要耗尽了，先生。

又是这样。航空管制员们只对“紧急”这个词敏感，但克洛茨还是没将这个关键词说出来。他只是在最后加了一句“我们的燃油要耗尽了，先生”，前边还加上缓和语气的“嗯”。像这样的致命错误，阿维安卡航空的飞行员已经犯了不下 10 次。

卡维德斯：你告诉他们我们已经没油了吗？
克 洛 茨：是的，机长。我已经告诉他们了……
卡维德斯：非常好。

如果不是在飞机失事的场景中，这种一来一往的对话真像阿伯特和科斯特洛的喜剧套路[①]。

大约过了1分钟。

塔　台：阿维安卡052航班，啊，我将指引你们向东北飞行15英里，然后你们开始进场程序。可以吗？你们的燃油够用吗？

克洛茨：我猜行。非常感谢。

“我猜行。非常感谢。”他们马上就要坠机了！一名机组人员此时进入驾驶舱想了解当时的情况。随机工程师指了一下打到底的油量表，用手做了一个割喉的动作，但什么也没说。[②]此后的5分钟内也没人说话。接着是一些例行的电台通话和操作，紧接着随机工程师大叫道：“4号引擎熄火！”

卡维德斯接着说道：“快告诉我跑道在哪儿！”此时跑道还在16英里之外。

又过了36秒，航空管制员进行了最后一次呼叫。

塔　台：你们的燃料足够让飞机飞到机场吗？

---

① 指美国喜剧演员威廉·阿伯特（William Abbott）和卢·科斯特洛（Lou Costello）在20世纪40年代上演的系列喜剧《阿伯特和科斯特洛》。——译者注

② 我们之所以知道这个细节，是因为这名机组人员活了下来，他在后来的调查中提供了上述情节。

录音到此结束。

三探 052 航班坠毁

“关于这次空难，有一点你必须明白，”拉特瓦特说道，“纽约空中交通管制中心的人员非常优秀，他们有能力利用有限的航空资源处理超量的空中交通问题，但他们同时也是出了名的没礼貌、盛气凌人、飞扬跋扈。一个有名的段子说一名飞行员在纽约上空迷路了（一旦进入这里，你想象不到情况有多么复杂，简直就是迷宫），一名女航空管制员正在冲这名飞行员发火，她说：‘够了！你不要再进行任何操作，也别跟我说话，直到我问你你再说话！’后来，航空管制员把这架飞机带了出来。之后，那名飞行员拿起麦克风说道：‘女士，上辈子你是我老婆吗？’”

“他们的行事方式真是不可思议。他们控制着这里，所以大有‘这里我管事儿，闭上你的嘴，照我说的去做’的架势。他们会冲你发火。如果你想指出他们的引导有问题，你必须也冲他们发火。他们听了以后会说：‘那好吧。’但如果你不对他们发火，他们肯定会对你不依不饶。我还记得有一次一架英国飞机飞到纽约，那架飞机的飞行员是一路被纽约航空管制员骂下来的。英国飞行员说：‘你们的人应该到我们的希思罗机场，跟那儿的人学学怎么指挥飞机。’和纽约航空管制员的摩擦会对飞行员的情绪造成影响。如果你不习惯这样跟人针锋相对，那纽约的航空管制员的确会使你心烦意乱。当时，阿维安卡航空的飞行员一定是被他们镇住了。”

拉特瓦特并没有提及自己与肯尼迪机场航空管制员的不愉快经

历。他没有提及并不是因为没有不愉快发生，或是提起来太闹心，或是伤自尊，他不提是因为他是以另一种眼光看待这些事的。如果他在飞行中需要帮助，他就会叫醒其他机组人员；如果他觉得降落在莫斯科不妥，他就会要求降落在赫尔辛基；如果赫尔辛基航空管制员按顺风向引导他，他就会根据自身情况要求逆风引导。第二天早晨，当他离开赫尔辛基时，他找错了跑道，他的副机长马上将这一错误指了出来。拉特瓦特笑着回忆这一段：“马萨是瑞士人。他非常高兴能纠正我的错误，他还数落了我一路。”

拉特瓦特继续说道：“他们本来应该告诉航空管制员，‘我们没有足够的燃料飞到指定机场了’。他们只需要说，‘我们不能照你说的那么做。我们必须在10分钟之内降落’。然而，他们却在航空管制员面前表现得束手无策。”

说到这里，拉特瓦特变得谨慎起来，因为他开始论及有可能使我们当中的一些人不愉快的文化特性问题。谈到现在，关于阿维安卡航空空难的离奇与神秘，我们已不能将其原因简单地归结为副机长克洛茨的失职与机长卡维德斯的疲劳驾驶了，一定有一些更深层、更结构性的原因存在。会不会是因为机组人员都是哥伦比亚人，所以才会发生空难呢？“你看，美国飞行员肯定不能容忍这些。”拉特瓦特说，“美国飞行员肯定会说：‘听着，伙计，我必须降落。’”

空难的深层原因

荷兰心理学家海尔特·霍夫斯泰德（Geert Hofstede）在20世纪

六七十年代一直在IBM欧洲总部的人力资源部工作。他的工作职责就是为IBM在全球范围内招贤纳士，考查应聘者处理危机、协调工作的能力，以及对待权威的态度，等等。相关的问卷调查表内容庞杂，久而久之便积累了大量的信息，霍夫斯泰德借助这一庞大的数据库，对不同族裔之间的文化差异进行了深入研究。[7]时至今日，“霍夫斯泰德文化维度”（Hofstede’s Dimensions）已被社会广泛接受，成为跨文化心理学研究的经典理论框架。[8]

霍夫斯泰德认为，各种文化间不同的价值取向可以通过个人与集体的关系来区分，他称之为“个人主义—集体主义”维度（individualism-collectivism scale）。用这个维度衡量，个人主义倾向性最高的国家是美国（难怪美国是世界工业化国家中唯一一个不提供全民医疗保险的国家）。处于该维度中的另一端，集体主义倾向性最高的国家是危地马拉。

霍夫斯泰德理论中的另一个维度叫作“不确定性规避”（uncertainty avoidance）。它是用来区分不同文化对“模棱两可”的承受度的。以下是霍夫斯泰德研究结果中不确定性规避维度下排在最前面的5个国家，这些国家的人更习惯按照准则和计划行事，并在任何情况下都会严格执行准则和计划。

1. 希腊
2. 葡萄牙
3. 危地马拉
4. 乌拉圭

5. 比利时

以下是排在最后的 5 个国家或地区。这些国家或地区的人最能忍耐“模棱两可”的事物。

49. 中国香港
50. 瑞典
51. 丹麦
52. 牙买加
53. 新加坡

这里有两点需要注意：第一，霍夫斯泰德的这些排名不代表优劣；第二，这些属性并不能用来预测来自这些国家或地区的人的具体行为——这肯定是无法做到的。例如，你不能断言每一个危地马拉人都是集体主义者。

霍夫斯泰德要说明的，其实与科恩跟尼斯比特在密歇根大学的研究要说明的是同一个问题。我们每个人都有着与别人截然不同的个性，但与此同时，我们的个性也延续了我们在特定的成长环境中养成的特定的倾向、习惯和条件反射，而不同的文化特性的区别又格外明显。

比利时距丹麦大约只有 1 小时的飞行路程。丹麦人和比利时人的相貌很相似，如果你置身丹麦首都哥本哈根一隅，你很难说出它与比利时首都布鲁塞尔有什么区别。但当说到“不确定性规避”时，这两个国家就有天壤之别了。实际上，丹麦人在容忍“模棱两可”方面和牙买加人更相像，而与欧洲其他国家相去甚远。丹麦和比利时有着类似的自由民主传统，但在过去的数百年间，这两个国家却有着不同的历史、政治架构、宗教传统、语言、饮食、建筑、文学等方面的背景。将所有这些不同加在一起后，在处理具有高风险性和不确定性的问题时，丹麦人的做法就与比利时人的大相径庭了。

在霍夫斯泰德的几个维度中，最引人注目的大概就是“权力距离指数”了。权力距离是指人们对待比自己更高等级阶层的态度，特别是指对权威的重视和尊重的程度。为了计算这一指数，霍夫斯泰德会问受试者以下问题：“雇员是否害怕表达与老板不同的意见”“组织或机构中权力较小的成员能在多大程度上接受权力分配不均的事实”“年长者应该获得多少尊重”“掌权者是否应该享有特权”等。

霍夫斯泰德在其著作《文化之重》（*Culture's Consequences*）中写道：

> 在权力距离指数低的国家，掌权者会因手中的权力而感觉不好意思，并试图淡化其重要性。我曾经听说瑞典（低权力距离指数国家）的一位大学行政人员为了行使权力，会努力让自己看上去不那么强势。领导们会以削弱自己权力象征的方式加强自己的亲民形象。在奥地利（低权力距离指数国家），总理布鲁诺·克莱斯基因上班坐电车而闻名。1974 年，我本人亲眼见到荷兰首相约普·登厄伊尔在葡萄牙的露营地度假。这种行使权力的方式跟比

利时、法国等高权力距离指数国家的截然不同。[①]

现在让我们将霍夫斯泰德的理论应用到航空业上。为什么航空业要向缓和性语气开战？其目的是降低驾驶舱中的权力距离指数。霍夫斯泰德针对权力距离的核心问题——“雇员是否害怕表达与老板不同的意见”——也正是航空专家在调查副机长如何处理与机长的关系时发现的问题。但霍夫斯泰德的研究也提出了一个航空界专家从未想过的问题：要想让副机长在机长面前坚持自己的意见，必须帮助他们跨越所处文化的权力距离。

这也正是拉特瓦特机长所说的，美国飞行员不会受到肯尼迪机场航空管制员威势影响的含义所在。美国是典型的低权力距离指数国家。当面临压力时，美国人会求助于他们的“美国精神”，这里的“美国精神”是指“航空管制员与飞行员天生应是平等的”这一观念。但是，这在高权力距离指数的国家会怎么样呢？例如，哥伦比亚。

心理学家罗伯特·黑尔姆赖希（Robert Helmreich）一直致力于研究文化传统在飞行员的行为中占据何等地位。阿维安卡空难后，他撰写了一篇论文，精彩地论述了副机长克洛茨在坠机过程中的表现与其国籍密不可分的关系。这次事故在很大程度上源于哥伦比亚人长久以

① 霍夫斯泰德也提到了几年前他完成的另一项实验。这项实验是将同一行业同等规模的德、法制造企业放在一起比较。法国企业中有 26% 的雇员属于管理层，或处于特殊职位；而在德国企业中，这一比例为 16%。法国企业给予高管的薪酬比德国企业的高。通过对照，霍夫斯泰德认为，这种差异正是不同文化对待等级制度的不同态度造成的。法国的权力距离指数是德国的 2 倍，法国人比德国人更需要等级制度。

来对权威的敬畏与服从。黑尔姆赖希写道[9]：

> 有着高权力距离指数的副机长——哥伦比亚人——在此刻感受到了压力，因为机长没有下达清晰的指令。在高权力距离指数文化中，这样的指令应由权威人士下达。副机长和随机工程师只是一味地等待机长做决定，他们认为自己给机长提供选项是不合适的。

克洛茨只把自己定位为下属，既然是下属，在这样的危急时刻，关键性的决定就不应由自己做出，这个决定应由机长做出。可是机长此时已经筋疲力尽，他没能提出任何解决办法。而此时，专横的纽约航空管制员要求飞机绕场复飞。克洛茨竭力告诉对方他们正处在危险之中，然而克洛茨在通话时采用的是在哥伦比亚的“文化语言”中下级向上级汇报的语气。航空管制员不是哥伦比亚人，而是处在低权力距离指数环境的纽约人。他们从来不认为他们和飞行员之间有任何等级差异。所以对纽约航空管制员来说，飞行员的缓和性语气并不代表尊重，只代表他们的飞机状况良好。

在“黑匣子”录音中，有一段明显的因克洛茨和航空管制员文化背景不同而造成的无效沟通。其误解的显见程度之大令人扼腕。这段对话发生在飞机坠毁前数分钟，飞机与塔台进行最后一次电台联络的时刻。当被航空管制员问及飞机油量时，克洛茨用“我猜行。非常感谢。”作为回复。机长卡维德斯遂转向克洛茨。

卡维德斯： 他怎么说？

克 洛 茨： 这个人有点儿生气。

生气！克洛茨感觉自己受到了伤害。他的飞机随时可能坠毁，而他却无法摆脱因航空管制员对他说话时盛气凌人的态度而滋生的不快。因为在他的文化中，这种语气只在上级对下级说话，并且在下级犯错误的时候才会出现。在他的意识中，他已经尽力去沟通了，但最终失败了，所以他得出结论，他一定是在无意中得罪了纽约空中交通管制中心的上级。

052航班肯尼迪空难后，阿维安卡航空进行了一次彻底大审查。因为肯尼迪空难是阿维安卡航空短期内4起空难——巴兰基利亚空难、库库塔空难、马德里空难和纽约肯尼迪空难——中的一起。公司最终得出结论："飞机状况良好，机组人员体检合格，飞行员技术在平均水平以上，但空难还是发生了。"

阿维安卡航空在马德里空难报告中指出，当时副机长曾经试图提醒机长情况危急：

> 副机长的判断是对的。但是他们最终没能逃脱罹难的命运，因为……当他提出看法时，他质疑得太不坚定了，所以机长很轻易地将其全盘否定了。副机长语气不坚定的原因可能是副机长不想因为质疑机长的判断而显得桀骜不驯，或是不想在飞行经验比自己丰富的机长面前出丑。但副机长本应该以更强势的方式表达自己的想法的……

我们取得事业成功的能力与我们的文化背景紧密相连，因此，做一名好的飞行员和来自高权力距离指数的文化背景，这两件事很难调和。顺便说一句，哥伦比亚并不是权力距离指数最高的国家。黑尔姆赖希和其同事阿什力·梅里特曾对不同国家飞行员进行权力距离指数测试，得分排在第 1 名的是巴西，排在第 2 名的是韩国。①

不断积累的小问题

在美国，负责调查失事飞机的部门是 NTSB。其总部位于华盛顿特区波托马克河岸边的一栋建于 20 世纪 70 年代的建筑内。总部的实验室位于一条长长的走道尽头，里边收集了大量的飞机残骸：一台损毁的涡轮发动机，一只有故障的直升机转轮，等等。在实验室存储架

① 以下是不同国别飞行员权力距离指数的排名。如果将该排名与国别空难频率对照，就会发现二者之间的对应关系。

权力距离指数得分最高的 5 个国家：

1. 巴西
2. 韩国
3. 摩洛哥
4. 墨西哥
5. 菲律宾

权力距离指数得分最低的 5 个国家：

15. 美国
16. 爱尔兰
17. 南非
18. 澳大利亚
19. 新西兰

的某一层上放着一架失事飞机的驾驶舱语音和数据记录器（俗称“黑匣子”），这是1996年造成110人身亡的瓦卢杰航空失事客机的“黑匣子”。这是一个鞋盒大小、强化钢制成的盒子，内置语音和数据记录器，有超强的防火、防腐、防震特性。但根据这个“黑匣子”一端锯齿状的痕迹，你大致可以估计出那次空难的瞬间到底产生了多大的冲击力。NTSB的成员中有些是工程师，有些是飞行员，其中还有许多人是心理学家。他们的工作职责就是仔细研究“黑匣子”录音，重构飞机失事前最后时刻机组人员的言行。该委员会中的“黑匣子”专家调查组的负责人是年近60、身材瘦高的心理学博士马尔科姆·布伦纳（Malcolm Brenner），他也是大韩航空关岛空难的调查员之一。

“通常情况下，降落关岛机场并不难。”布伦纳说道。关岛机场有一种降落设备叫作“下滑角指示灯”，你可以把它想象成一道从机场射向天空的光束，飞行员只要沿着光束就可以安全降落。但是在那天晚上，下滑角指示灯有故障。“它无法提供服务。”布伦纳说，“下滑角指示灯被送去修理了。指示灯不能使用的通知也已下发到各相关部门。”

这个故障其实是一个小问题。在修理指示灯的一个月内，关岛机场有1 500次飞机降落。指示灯坏了只会给降落带来一点点小问题——仅仅是不方便而已。

“第二个问题就是天气。”布伦纳继续说道，“这里是南太平洋，通常坏天气来得快去得也快，很少会出现风暴。这里是热带气候的天堂。但是那天晚上，关岛上空下着大雨。出事飞机在进场前几英里的地方进入了一个风暴中心。所以机长必须决定到底采取什么方式进行降落。他们一开始采取例常的全向信标 / 测距仪（VOR/DME）进场方式。这在技术上有点儿复杂，需要做许多准备工作。首先要协调塔台，设置一系列参数，然后按步骤分阶段下降。当飞机飞到离机场不远的地方时，机长能看到关岛的灯光，他放松下来，说：‘我们进行目视着陆。’”

VOR 的外形类似灯塔，会在飞机接近机场时向飞机发出信号，帮助飞行员确定飞机所在位置的高度。在下滑角指示灯被发明出来之前，飞行员就是借助这种设备进行降落的。飞行员通常都是先借助 VOR 自动导航接近机场，当他们可以用肉眼看到机场后，会进行目视着陆。这种做法是非常合理的。飞行员一般都会采取目视着陆的方式降落，但是在准备降落计划的时候，飞行员应该有一个备选方案以防万一。可是，大韩航空 801 航班的机长却没有这么做。

“他们应该和塔台协调一致，告诉塔台他们将按照 DME 的程序分阶段下降，”布伦纳继续说道，“但是机长当时根本没跟塔台提这件事。他正处在风暴的中心，他大概想着一旦飞出云层他就能看到机场。如果他看不到机场，在飞机离地 560 英尺的时候，按照规定，他还可以拉起飞机进入复飞程序。当时一切正常，但只有一件事例外。这个机场的 VOR 并没有设在机场内的一头，而是设在离机场 2.5 英里的尼米兹山上。世界上只有为数不多的几个机场的 VOR 设在机场以外。正常情况下你跟随 VOR 的指示能将飞机降落在机场内，但是在这里，你若跟随 VOR 的指示，就将把飞机降落在尼米兹山上。”

飞行员对 VOR 都十分了解，机组随身携带的航空图对此也都有明确的标识。这位韩国机长曾 8 次驾驶飞机飞行这一航线。事实上，就在这次飞行前，机长的飞行简报中还特别提到VOR位置的问题。但此刻已是凌晨，而这位机长是在头天早晨6点起床的。

“我们认为，机组人员疲劳驾驶是此次事故的主要原因。”布伦纳继续说道，“这是一项往返飞行任务。你会在韩国时间凌晨1点左右降落关岛，在地面休息几个小时，再在太阳升起的时候飞回韩国。机长在一个月前飞过一次这个行程。那次，他完成行程后躺在头等舱就睡着了。而这次他正准备降落，他说他真是累极了。”

综上所述，大韩航空801航班跟阿维安卡航空052航班一样，具备飞机失事的3个典型前提：轻微的技术故障、坏天气、疲惫的飞行员。这3个前提中的任何一个都不能单独造成事故，只有3个前提同时具备，并同时作用在机组每一个人身上的时候，事故才会发生。而大韩航空801航班正处在这样的麻烦之中。

高权力距离指数之恶

下面是大韩航空801航班最后30分钟的语音记录。一开始是机长的抱怨。

1时20分1秒

机　长： 这次往返飞行要是超过9小时，我们还能得到点儿补助。但现在才8小时，我们什么补助也没有。8小时对我们来说一点儿意义都没有……他们一味要我们工作，实现工作量的最大化。这种做法……能省下机组人员的住宿费，能达到飞行时间的最大化。无论如何……他们的目的都是让我们的工作量达到最大化。

这时，有人在座位上移动了一下。1分钟过去了。

1时21分13秒

机　长： 嗯……真是……太困了。（含糊不清的语句。）

副机长： 当然了。

接下来是整个飞行过程最关键的部分。副机长准备表达一下自己的观点。

副机长： 您有没有觉得雨下得更大了？

副机长说这句话前一定想了很长时间，他旁边坐着的可不是平等待人的拉特瓦特机长。大韩航空的惯例是，在两次飞行中途的休息期间，副机长应该请机长吃饭或者给机长买些小礼物。一位大韩航空前飞行员说，驾驶舱中的潜规则是“机长掌管飞机，他可以在他感觉合适的时候，按照他的方式做他想做的事”。在互联网上流传着一份由达美航空针对大韩航空所做的调查报告，我们可以参考报告中提到的另一件事：在某个机组的一次飞行任务中，副机长误解了塔台的指令，错误地设置了降落程序。“随机工程师发现了不妥但什么也没说。副机长也觉得不对劲，但也什么都没说……尽管他们要做目视降落，但没有一个机组人员观察窗外以确定他们是否在机场上空。”最后，飞机雷达显示副机长操作有误，接着报告中出现了关键的一句：“机长发现错误后，气得用手背打副机长。”

用手背打副机长？

801 航班失事的前一天晚上，3 名机组人员在金浦机场见面做飞行准备。见面后，副机长和随机工程师首先向机长鞠躬致敬，然后机长会和每个人握手。副机长一般会很恭敬地说，“初次见面”。在韩语中，根据称呼者和被称呼者之间关系的亲疏，起码有正式称呼、非正式称呼、直接称呼、熟人称呼、亲密称呼和普通称呼 6 种称呼方式。副机长在称呼机长的时候，绝不敢用熟人称呼或亲密称呼。任何两个人在对话的时候都会非常注意彼此之间的称呼，这是韩国文化传统的一部分。

韩国语言学家宋侯名（Ho-min Sohn，音译）在其著作中写道[10]：

> 在餐桌上，地位低的人必须等待地位高的人先入座、先用餐，反过来是不被允许的；在地位高的人在场的情况下，地位低的人不能吸烟；地位低的人在喝酒时要避开位尊者；地位低的人在问候地位高的人时必须鞠躬；在地位高的人入场时，其他人必须起身示意；地位低的人不能从地位高的人面前穿过。所有这些社会举止、习惯都会按照资历和等级排序，常言道，“喝凉水也得有个先后顺序”。

所以，当副机长说“您有没有觉得雨下得更大了？”时，我们知道他的意思是说："机长，您决定在没有备选方案的情况下做目视降落，而外面的天气状况非常糟。您觉得我们飞出云层就能看见跑道，但到时候如果我们看不见跑道该怎么办？外边现在下着倾盆大雨，漆黑一片，下滑角指示灯还有故障。"

但是他不可能对机长那样说。他采取了暗示的方法，对他来说，他对上级已经说得够多了。副机长不会再提天气的事情了。

就在他说过这话之后，飞机飞出了云层，飞行员可以远远地看见机场的灯光。

"是关岛吗？"随机工程师问。停了一下他又说道："是关岛，关岛！"

机长轻声一笑："好！"

但是这一点儿都不好，因为这是错觉。他们已经飞出云层，但是他们离机场还有 20 英里，而他们所面临的天气状况依然糟糕。实际上，随机工程师更了解情况，他的职责就是观察天气变化，所以此刻他决定说出自己的判断。

"机长，气象雷达发挥了不小的作用。"他说道。

气象雷达发挥了不小的作用？随机工程师的本意跟副机长的本意是一样的。今天晚上并不适合目视降落，看看气象雷达吧：前方有危险。

对于西方人来说，以上的对话很难理解，他们认为随机工程师应该马上明确表达自己的想法。西方人的沟通方式在语言学上被称为"以说话者为导向"，意思是，说话者有责任将意思清晰明白地表达出来。在前边小节提到的佛罗里达坠机事故中，副机长从未用过暗示以外的方式提醒机长不及时除冰的风险。他甚至先后通过 4 种不同的表达方式暗示了4次，为的是让自己的提醒更清晰。一方面，他屈从于和机长之间的权力距离，采取了隐晦的方式向机长表达自己的意见；另一方面，他又是在西方文化语境下工作的，也就是说，一旦表达的意思有误，说话者应该承担主要责任。

但是，韩国文化中的沟通方式，和亚洲许多国家一样，是“以聆听者为导向”的。也就是说，能否搞清楚话语的意思，取决于聆听者自己。所以在随机工程师看来，他说的已经够多了。

宋侯名用以下这段对话来解释“以聆听者为导向”的沟通方式，这段对话发生在雇员（金先生）和一名部门经理之间。

经　理：真冷，还有点儿饿呢。（意思：你为什么不去买点儿吃的东西。）

金先生：来瓶烈酒怎么样？（意思：我会给您买瓶酒。）

经　理：行啊。但是太麻烦了。（意思：如果你再说一次，我就接受邀请。）

金先生：您一定是饿了。我们出去看看怎么样？（意思：我坚持要请您。）

经　理：要不要出去呢？（意思：我接受。）

这段对话有很多微妙之处，双方都需要细心揣摩对方的真实意思和需求。在现实中，这种互相揣摩是必需的，因为这是礼貌：对对方言谈中的真实意思听而不闻或反应不灵敏都是失礼的。

但是，高权力距离指数文化的这种对话方式，只有在聆听者有条件揣摩对方话语的情况下才是适宜的。也就是说，双方得有足够的时间相互揣摩。这种方式绝不应该在暴风雨的夜晚，在精疲力竭的机长准备把飞机降落在一个下滑角指示灯有故障的机场时使用。

卸下重担

2000年，大韩航空针对公司糟糕的安全记录，终于痛定思痛，开始采取行动。他们请来达美航空的大卫·格林伯格协助公司的业务运营。

如果对大韩航空的问题症结没有深刻的认识，你很难理解格林伯格走马上任伊始推动的第一项改革措施——他要求全面评估公司所有机组人员的英语水平。“他们中有些人的英语不错，但有些人的还不行。”他回忆道，“所以我们举办了一系列培训课程，帮助机组人员提高英语水平。”他的第二项措施，是将公司所有的培训课程外包给一家西方公司——波音的子公司翱腾航训。“翱腾航训的所有培训课程都使用英语，”格林伯格说，“他们不说韩语。”格林伯格的规矩很简单：从现在开始，大韩航空的工作语言是英语，如果你想留下来继续飞行，你的英语必须流利。“这不是人事斗争。”他说，“每个人都有平等的机会。如果哪个人觉得自己的语言不过关，我们会给他们时间让他们提高英语水平。语言是过滤器，我不可能召回那些已经被解雇的有缺陷的飞行员。”

格林伯格这样做的逻辑是，英语是世界航空界的标准语言。从最开始飞行员起飞前检查工作程序清单，到最后飞行员与世界各地控制塔台联络，他们使用的都应该是英语。

“如果你在机场最繁忙的时段降落在肯尼迪机场，你不可能跟地面进行意会交流。”格林伯格说，“你必须通过直接的话语交流，充分搞清楚各个环节。你可能会说两个韩国飞行员坐在一起不需要说英语，但是如果两个飞行员在争论地面塔台那位说英语的航空管制员到底说了什么的时候，语言就变得至关重要了。”

格林伯格的目标就是帮助飞行员完成角色转换。韩国飞行员受困于本土文化的角色定位，他们在驾驶飞机时需要通过某种途径突破原先的角色，此时语言就成了有效的转换器。说英语可以帮助飞行员打破韩国森严的等级文化，同时他们还可以利用另一种语言的文化优势。

不过，格林伯格改革的关键之处在于，他没有解雇韩籍飞行员，也没有启用来自低权力距离指数文化背景的飞行员。他知道文化在日常生活中是如何发挥作用的——文化在生活中是强大的，无所不在的，即便文化的实用性已经消失，其影响也会长久留存；但同时他也坚信，文化影响即便再顽固，也不是不能改变的。他认为，只要韩国人承认韩国文化在坠机事故中的确发挥了负面作用，并有意愿彻底改变这一状况，他们就能改变。他为大韩航空的飞行员提供了一个调整自己与工作之间关系的机会，这也是促使冰球明星、软件巨头、企业并购律师走向成功的关键。

离开大韩航空以后，格林伯格组建了自己的货运航空公司 Cargo 360。他从大韩航空带走了一批飞行员，主要是随机工程师。在等级森严的大韩航空公司当中，随机工程师排在机长、副机长之后，位列第三。“他们在大韩航空的环境中扮演着十七八岁孩子的角色。”格林伯格说，“他们处于机组等级阶梯的底端，他们不得不接受这种从属的角色。我们重新培训了他们，让他们与西方机组人员一起工作。最终，他们改变了行事风格，取得了非常优秀的成绩。他们对待工作非常积极，愿意主动承担责任，不再需要别人指示他们做什么。有些 50 多岁、资深的工程师，虽然在原来的环境下工作多年，但经过再培训也能与西方机组人员一起出色地完成工作。我们把这些工程师从旧有的文化传统中分离出来，并成功地让他们改头换面了。”

这是非常典型的文化变革案例。当我们理解了成为一名优秀飞行员到底意味着什么——在通向职业成功的道路上，除了个人努力，我们所处的文化、历史和外部环境对我们能否成功也具有决定性意义——我们就不会因为无从改变大韩航空的事故频发状况而感到束手无策，我们找到了从失败通向成功的道路。

但现在我们不得不坦诚面对我们所有人宁可忽略的问题。1994 年波音公司第一次出版的飞行安全数据年鉴显示，不同国别坠机事故统计和霍夫斯泰德文化维度的确存在联系。为了避免这些结论对某些国家造成冒犯，年鉴编撰者的表述非常严谨。“我们在书中并没有给出结论，但两者之间的关系是显而易见的。”负责编撰年鉴的波音首席工程师这样解释道。我们对这个问题为什么要过度敏感？我们每个人都处于某种文化环境之中，而文化环境又是集优点、弱点、素质、倾向等各种属性于一身的综合体，为什么人们通常不愿正视这一事实？我们不应割裂我们的行为与成长环境之间的关系，如果我们忽略了这一点，那么，坠机事故就会不断发生。

大韩 801 航班之痛

让我们再回到大韩航空 801 航班上。

“机长，气象雷达发挥了不小的作用。”现如今已经没有机组人员用这种语气说话了。但那时候是 1997 年，是大韩航空的权力距离问题最严重的时期。机长此时筋疲力尽，而随机工程师指望这句话能引起机长的注意。

“是的，”机长回答道，“的确很有用。”他根本没理解随机工程师想暗示什么。

飞机正朝着 VOR 的定位点飞行，而这里的 VOR 设置在尼米兹山上。此时，飞机外面的能见度很低，所以机长什么也看不清。他们放下起落架，延展襟翼。

1 时 41 分 48 秒，机长说：“打开雨刷。”随机工程师打开雨刷，此刻外边正在下雨。

1 时 41 分 59 秒，副机长问：“不在视野范围？”他正在寻找跑道，但是没找到。1 秒钟后，近地警报系统的电子语音报告：“500（英尺）。”此时飞机距地面高度只有 500 英尺。这里的 500 英尺是距离尼米兹山的高度，但是机组人员认为这是距离跑道的高度。他们很迷惑，这么近了怎么还看不见跑道？随机工程师用惊讶的语调说：“嗯？”可想而知，此刻所有机组人员都绞尽脑汁想搞明白仪器报告的飞机方位到底在哪里。

1 时 42 分 19 秒，副机长说：“让我们做一次复飞。”他终于把暗示口气升级为机组人员责任性陈述：他想取消着陆。后来的调查证实，副机长如果在那一刻能掌控飞机，他们将有足够的时间拉起飞机，躲过尼米兹山。在机长做出明显错误判断的时候纠正错误，正是副机长在飞行学校接受的训练。但学的时候是一套，真正用的时候却是另一套，尤其是在一个当你说错话时会用手背打你的机长面前。

1时42分20秒，随机工程师："不在视野范围。"

面对迎面而来的大地，副机长和工程师最终勇敢地表达了自己的意见：拉起机头复飞，再降一次。但是，一切都太晚了。

1时42分21秒，副机长："不在视野范围，复飞。"

1时42分22秒，随机工程师："复飞。"

1时42分23秒，机长："复飞。"

1时42分24秒05毫秒，近地警报系统语音：100

1时42分24秒84毫秒，近地警报系统语音：50

1时42分25秒19毫秒，近地警报系统语音：40

1时42分25秒50毫秒，近地警报系统语音：30

1时42分25秒78毫秒，近地警报系统语音：20

1时42分25秒78毫秒，（撞击声）

1时42分28秒65毫秒，（噪声）

1时42分28秒91毫秒，（呻吟声）

1时42分30秒54毫秒，（噪声）

录音结束。

8

努力工作的精神品质在亚洲人身上很常见。

内在优势：亚洲人精神

稻米之乡

从卫星图片上看中国南方，通往工业中心城市广州的道路贯穿了珠江三角洲，那是一片广阔而翠绿的土地。它的上空烟雾缭绕。这里高速公路密布，电缆在空中交错。城市里的工厂生产照相机、电脑、手表、雨伞和T恤，乡间的田地里堆满了香蕉、杧果、甘蔗、木瓜和菠萝，所有这些都会被投放到出口市场。世界上很少有其他地方会在这么短的时间内发生这么巨大的变化：在上一代人生活的年代，这里天空湛蓝，公路上只有两条车道；而在上两代人生活的年代，这里则是一望无际的稻田。

从珠江口逆流而上，2个小时就能到达广州。二三十年前，广州这座城市还到处可见传统中国的印记。这里有风景秀丽的乡村，延绵起伏的小山丘。点缀着土黄色砖墙的农舍，在南岭山脉的环绕中分外美丽。小山村里有许多露天市场：鸡鸭被装在精致的小竹篮里，路两旁摆着待出售的青菜，案板上是切好洗净的猪肉，圆竹筐上摆放的是等待买主的茶叶。这里的土地上到处种植着水稻。到了冬季，高高的粮仓里堆满了当年晾晒好的新米和往年的米。早春播种以后，湿润的暖风很快吹绿了农作物；到了当年第一次收获的季节，庄稼开始抽穗，田地就像一片金黄色的海洋。

中国种植水稻的历史可以上溯数千年，种稻技术也由中国传播到了日本、韩国和新加坡。种植水稻的历史，诉说着亚洲人民积累种植技术的艰辛历程。

稻田不是像麦田那样被“开辟”出来的，而是被“修建”出来的。开辟麦田要清理灌木、乱石，用犁开垦。而种植水稻的稻田可以依山建成梯田，也可以利用沼泽或者河床建成水田。稻田需要灌溉，所以田地四周需要挖出灌溉用的沟渠。水会从最近的水源处被引来，通过水坝或水闸调节灌溉稻田的水量。

在水稻生长过程中，为了防止灌溉水渗漏，需要以硬泥作底。但是种子不可能在硬泥里生长，所以在硬泥上面还要有一层软泥。人们要对结合硬泥和软泥的黏土层进行精心设计，从而使农作物浸泡在适量的水中以利于水分吸收。水稻需要不间断地施肥，这也是一门技术。水稻的肥料是人畜粪便、草木灰、河泥、豆糟。在施肥的时候要特别小心，施肥过量或是时机不准对水稻的伤害跟施肥不足是一样的。

到了播种的季节，农民先要在上百个水稻品种中进行选择。不同品种的水稻的生长习性不同，产量、生长速度、抗旱能力和适应贫瘠土地的能力也都会有所区别。为了降低种植风险，农民常会根据每一季的气候情况，播种几种不同的水稻。

农民（事实上，他们是以家庭为单位的，种水稻向来是一份“家族事业”）会先在秧田上育苗，几个星期以后再把秧苗按6英寸①的间隔密度插到稻田里，然后开始精心呵护。

由于水稻在其生长过程中容易受到其他植物的侵害，农民必须经常手工除草，有时也需要用灭虫梳挨个为稻穗灭虫。农民需要始终留心水田里的水位变化，确保在日光下水温不至于过高。水稻成熟后，农户们就会召集所有亲戚朋友一鼓作气进行收割。在冬天到来前，农民一定要完成当年的第二次播种。[1]

在中国南方的农村，人们在早饭时通常会喝粥——白米粥配上蔬菜、鱼或者竹笋腌制的咸菜。午饭也是粥。晚饭通常是米饭加配菜。人们会在市场上售卖大米，并换回生活必需品，因此，大米对人们来说就是财富的象征。它需要人们把每天能利用的时间都投入劳动中。“民以食为天。”研究中国南方传统农业社会的人类学家江绍龙博士说，“没有大米，你就无法生存。你如果想在中国南方出人头地，手中没有粮食是不可能的。整个社会都在围着粮食运转。”

数字优势

看看下面这串数字：4、8、5、3、9、7、6。请你大声将这些数字读出来。现在，请你放下书，花20秒记忆一下，然后把数字按正确顺序背出来。

---

① 1英寸等于2.54厘米。——编者注

如果你说英语，那么你只有50%的可能在20秒内记住这串数字。但如果你的母语是汉语，那么你正确记住这些数字的可能性几乎是100%。为什么呢？因为人类大脑存储数字的记忆周期是2秒钟，也就是说，人们可以很容易地记住2秒钟内能读完的东西。以汉语为母语的人之所以能够很容易地记住“4、8、5、3、9、7、6”这串数字，是因为他们的语言系统在2秒钟内就能读出这7个数字，而英语则不行。

以下案例来自斯坦尼斯拉斯·德阿纳（Stanislas Dehaene）的著作《数感》（*The Number Sense*）。德阿纳解释道：

> 中文的数字系统非常简洁。大部分数字可在25毫秒内被读出（例如4和7，中文读“si”“qi”）。而英语的4和7的读音则更长：发这两个数字的音约需33毫秒。中文与英文对数字记忆的差距完全是由这种读音长度的不同造成的。无论哪种语言——不管是威尔士语、阿拉伯语、汉语、英语还是希伯来语，人们记忆数字的长度与该语言的数字发音长度都有很大的关联。在发音效率方面，中文里的广东话堪称登峰造极，它使香港人可以在单位记忆周期内记住10个数字。

西方和亚洲的语言在数字拼写结构方面的不同是造成这一差异的另一原因。在英语中，14、16、17、18、19写作fourteen、sixteen、seventeen、eighteen和nineteen，这很容易让人推测11、12、13和15应分别写作oneteen、twoteen、threeteen和fiveteen。但事实上11、12、13、15的英语写法是eleven、twelve、thirteen和fifteen。类似地，英语

中的 40 和 60 写作 forty 和 sixty，读音与英语的 4 和 6 相近。如果据此类推 50、30、20 的发音与 5、3、2 的发音也雷同就错了。另外，英语中 20 以上的数字是由十位数上的“几十”加上个位数的“几”构成的，如 21、22 会写成 twenty-one，twenty-two。但是 10 和 20 之间的数字却不是这样组成的，如 14、17、18 写成 fourteen、seventeen 和 eighteen。所以英语中的数字系统是高度不规则的，这与中文、日文、韩文截然不同。这些亚洲语言系统的数字遵循逻辑系统，“11”就是“10”加上“1”，“12”就是“10”加上“2”，“24”就是“20”加上“4”，等等。

这种语言结构的差异，意味着亚洲儿童学习数数要比美国儿童学得快。4 岁的中国儿童数数平均能数到 40，而同一年龄的美国儿童只能数到 15，而且大多数美国孩子要到 5 岁时才能数到 40。换句话说，到 5 岁时，在数数这项数学基本技能方面，美国儿童已经落后亚洲儿童整整一年了。

数字系统的逻辑性同时也意味着，进行数学基本运算对亚洲儿童来说更容易。如果让一个 7 岁的说英语的孩子心算 37（thirty-seven）加 22（twenty-two），他 / 她首先必须把文字转换成阿拉伯数字（37+22），只有这样他 / 她才方便计算：2+7=9，30+20=50，结果是 59。如果让同龄的亚洲孩子计算 37 加 22，对于他们来说，计算公式就嵌在语句中，因此他们不用转换就能得出答案：59。

“亚洲语言的数字系统含义清晰。”美国西北大学心理学家卡伦 · 弗森（Karen Fuson）说。她的研究方向主要是亚洲文化与西方文化的异同。“我认为，正是这种差异促成了东西方学生对待数学的不同态度。西方学生需要死记硬背的东西，东方学生对其却有清晰的概念。这种清晰感使他们觉得数学计算合情合理，使他们在学习数学时充满信心。以数学计算中的分数为例，英语中我们会说‘3 个 1/5’（three-fifths），而中文里人们会按照分数的概念逐字表达‘3/5’。这种表达本身就说明了分数的概念，同时也分开了分子和分母。”

在数学方面，西方孩子直到小学三四年级才开始自觉学习。弗森认为，之所以要用“自觉”一词，是因为英语的语言系统的确使数学看上去不太合情理。英语的数字结构比较笨拙，感觉过于随意，因此对于小孩子来说难以把握。

亚洲学生就不会因数学而感到那么迷惑。他们可以记住更多数字，计算速度也更快，他们的语言对分数的表达本身就体现了分数的本质——这一切都有可能使他们更倾向于喜欢数学。因此，他们在上数学课或做家庭作业的时候就会更努力。这样，他们就进入了一个良性循环。[2]

在数学学习方面，亚洲人具有某种“内在优势”，这种“内在优势”是一种不同寻常的优势。多年来，从中国、韩国和日本来美国留学的学生，以及从小在这些国家长大，随后来到美国的新移民，在数学方面的成绩明显超过他们的西方同学。解释这一现象的经典论点是亚洲人在数学方面有先天优势。① 心理学家理查德 · 林恩（Richard Lynn）用进化论的角度对这一观点进行了研究，他分析了喜马拉雅山脉地区的地理构造、寒冷的气候、进入现代化之前的狩猎方式、当地

---

① 在相关的比较实验中，来自日本、韩国、中国和新加坡的学生在数学测试中的得分率大致相当，约为 98%；而来自美国、法国、英国、德国及其他一些西方工业国家的学生的数学测试得分率集中在 26%~36%。差异十分明显。

人的脑容量、语言中的元音发音规律等，试图以此来解释为什么亚洲人有着较高的智商。[①] 我们通常也是如此看待数学的，我们认为是否擅长微积分或代数代表着一个人是否聪明。但是现在我们会发现，造成东西方学生数学成绩差异的实际上是另外一些原因——某些人擅长数学很可能是得益于他们的族裔文化。

在上一章中，我们谈到了现代商业飞行领域根深蒂固的韩国民族性，本章我们又开始讨论在这一地区产生的另一项文化遗产，一种顺应 21 世纪发展潮流的品性。文化传承，或者说民族性遗传，对当今世界的确有着巨大的影响。特别是当我们看到韩国飞行员之间明显的权力距离时，当看到亚洲学生读一个数字只用 25 毫秒而不是 33 毫秒时，我们就不难想到，这个世界上众多民族的民族性遗传和文化传承的合力，将对 21 世纪世界的发展产生多么深远而重大的影响。那么，种稻民族的文化特性能不能帮人们学好数学呢？稻田文明能不能为学校教育带来变革呢？让我们拭目以待。

稻田中的辛劳

有关稻田的一个不可忽视的现象是，只有当你置身于一块稻田之

---

① 林恩关于亚洲人有更高智商的论断已经被其他专家用更可靠的数据推翻了。这些专家指出，林恩的调查仅从城市中上等水平收入阶层取样，缺乏代表性。世界级智商研究专家詹姆斯·弗林（James Flynn）随后进行了一项更有说服力的反证实验。弗林认为，从历史上看，亚洲人的智商甚至轻微低于白种人的智商，亚洲人在数学方面有优势并不是因为其智商高。弗林的这一论点见诸其 1991 年出版的著作《亚裔美国人：超越智商的成就》（*Asian Americans: Achievement Beyond IQ*）。

中时，你才能真正感受到，它的面积真的非常小。一块标准的稻田面积非常小，一个典型的亚洲农民家庭只有2~3块稻田。在中国，一个拥有1 500人的小镇通常只有450英亩[①]土地，而在美国中西部，这样的面积只是一户农民所拥有的土地面积。一户五六口人的中国农民家庭只拥有很少的土地，因此，农业在这里只能依靠人力。

从历史上来看，西方农业发展模式是“机械导向型”的。在西方，农场主要想提高工作效率增加产出，就需要购进更多的高新技术设备，例如拖拉机、打谷机、压捆机、联合收割机等，用机械代替人力。有了机器的帮助，付出等量劳动就可以耕作更多的土地，农场主们也进而得以开辟更多耕地。但是在中国或日本，农民没有足够的资金购买农业机械设备，而且，中国或日本的确已没有更多土地可以转化成新耕地。在这种情况下，农民要想增加产出，只能依靠更熟练的耕种技术、更精确的耕种时间，以及培育更优良的水稻品种。人类学家弗朗西斯卡·布雷（Francessca Bray）因此将稻田文明归为“技术导向型”农业：你只有更精心地除草，更小心地施肥，密切观察水位变化，有效控制黏土层，利用好稻田的每一寸土地，才能获得丰收。毋庸置疑，千百年来，种植水稻的农民是种植各类农作物的农民中最辛劳的一群人。

以上表述大概会令人稍感意外，因为人们通常认为，古代社会几乎人人都要为了生存而辛勤工作。但事实并非如此。举个例子，现代人的祖先大多数都进行过狩猎采集活动。然而人们发现，许多依靠

① 1英亩约为4046.86平方米。——编者注

狩猎采集过活的族群的生活却相当安逸。居住在非洲卡拉哈里大沙漠博茨瓦纳境内的原住民是世界上现存的最古老的民族之一，他们延续着上古狩猎采集的生活方式。在他们的生活环境中，到处是生果、浆果、坚果和植物的根茎，当地还盛产一种富含蛋白质的叫蒙果果（mongongo）的坚果。他们根本不需要备耕、播种、除草、收割、储存，这些太浪费时间了。他们也不需要畜牧。男性偶尔会打猎，但他们这样做的主要目的是锻炼身体。这样的原住民每周工作时长为13~19小时，而他们会花相同的时间跳舞、消遣、走访亲友。这样一年算下来，这些原住民一共才花1 000小时工作（当他们被问及为什么不进行农业种植时，原住民一脸茫然地说："我们有这么多蒙果果，为什么还要进行农业种植？"）[3]

让我们再来看看18世纪欧洲农民的生活。这里的农民一般会从拂晓劳作到中午，收获季节和春耕季节的劳作时间可能会长些，冬季则短些，这样一年算下来，他们大概会工作1 200小时。[4]在历史学著作《探索法国》（*The Discovery of France*）中，作者格雷厄姆·罗布（Graham Robb）认为，直至19世纪，在像法国这样的国家，农民大部分时间都悠闲懒散，只是偶尔进行短暂的劳作罢了。[5]

"在那里，99%的劳作出现在晚春和早秋。"他写道。从11月下过第一场雪开始，比利牛斯山到阿尔卑斯山的居民本质上就已进入"冬眠"状态，这种状态会一直持续到次年3月或4月。在法国一些暖和的地方，冬天的气温不会降到零度以下，但那里的人们也过着这样的生活。

罗布继续写道：

> 佛兰德斯的领地在一年中的大部分时间是荒芜的。1844年，涅夫勒城官方报告记录了勃艮第短工的奇怪行为：一旦丰收季节到来，葡萄藤被烧以后，“在对工具进行了必要的修理后，这些年富力强的小伙子就会在大白天躺在床上，他们会蜷起身子取暖，同时减少进食”。他们此举的目的是减缓身体的新陈代谢。
>
> 人类的冬眠行为是生理和经济原因结合的产物。人们通过降低新陈代谢率来减少饥饿感，从而减少对库存食物的消耗……人们步伐迟缓、四处闲逛，即便在夏天也是如此……大革命后，在阿尔萨斯和加来地区，官方的报告表明，葡萄种植者和自由农民在农闲时节并不会“进行一些力所能及的劳动”，而是“放任自己深陷无聊之中”。

如果你是生活在中国南方的农民，你在冬天是不会整天睡大觉的。从11月到次年2月这段短暂的旱季，南方农民会忙于其他农活。他们会把编好的竹篮、斗笠拿到市场上卖。这个时间也是他们修理水田围堰的好时机，还可以顺便整理黏土层。他们会让孩子到邻村亲戚家帮忙。人们忙于晒豆子、做豆腐，还有人去捕蛇和各类昆虫（这些都是美味的食材）。立春后，种水稻的农民会拿出比种玉米或种小麦的农民多10倍到20倍的时间开始种植水稻。有专家估计，种植水稻的亚洲农民一年的工作时长约为3 000小时。

稻田精神

想象一下珠江三角洲农民的生活吧。每年3 000小时的工作量是超乎想象的，那里的农民时常要在烈日炎炎之下，在稻田里耕种、除草。

以这种强度的劳动为职业的农民会有怎样的生活态度呢？可以说，他们的生活与投身纽约制衣业的犹太移民很类似——他们都追求有意义的生活。首先，种稻农民的劳动在投入与产出之间有明确的关联性。他们在地里干活干得越卖力，收获就越多。其次，他们的工作是由一系列复杂工序组成的。种植水稻并不仅仅是春耕秋收这么简单，它还要求农民从事农产品及农用物资的买卖，他们要有能力调动全家的劳动力参与劳动，同时要在选种、维护排水系统以及协调第一次收割与第二次播种的关系上开动脑筋，并全力以赴。

更为重要的是稻田经济的自主性。在欧洲，从本质上来说，农民都是贵族地主土地上的农奴。然而，中国和日本却没有发展出这样的封建系统，因为这种封建系统不适用于稻田经济模式。水稻种植的过程复杂而烦琐，没有哪种封建系统可以长期精确地控制这一过程的每个环节。实际上，到14世纪至15世纪，中国中原地区和南方地区的地主对佃农只收取固定利率的地租，生产活动则由农民自主决定。

“水稻种植的关键是，你不仅要付出大量劳动，操作时还要严格而精准。”历史学家肯尼思·波梅兰茨（Kenneth Pomerantz）说，“你必须加倍小心，灌溉前地面一定要平整，如果地面有一丁点儿不平，就会大大影响产量。同样重要的还有稻田的蓄水时长。另外，幼苗是否严格按照相等的间距栽种也会极大地影响最终产量。这不像玉米种植，只要在雨季来临之前播下种子就万事大吉了，水稻种植需要农民精准控制一切要素。为了适应水稻种植的特点，地租制度要保证丰收之年让农民也能增加收入，以此激励农民。这一制度就是固定利率。地主会说：'无论丰收与否，我只收定量的粮食，如果今年丰收了，你们的余粮也就多了。'水稻种植不适合采用农奴制或工资制这样的生产形式，因为在这些制度下很难保证劳动者的劳动热情和责任心，不足以促使他们精准地控制水稻生产的每个环节。"

历史学者戴维·阿库什（David Arkush）比较过俄国与中国的谚语，两者的差别显而易见。像"如果上帝不打算给予，大地将不会给予"（If God does not bring it, the earth will not give it）是典型的俄国谚语，其中包含的宿命论和厌世心态是俄国农奴制的产物。[6]在残酷的农奴制度下，劳动者无法感知付出与回报之间的关系。然而，阿库什指出，中国的一些谚语则体现了中国人的信条："刻苦努力""未雨绸缪""自力更生""助人者，人恒助之"。

下面是一年劳动超过3 000小时的中国农民，在头顶烈日、脚踩稻田（顺便说一句，稻田里到处是蚂蟥）的农忙时节互相激励的话语：

"谁知盘中餐，粒粒皆辛苦。"

"春耕不肯忙，秋后脸饿黄。"

"秋天一坐，冬天挨饿。"

"不是靠天吃饭，全靠两手动弹。"

“种地不用问，除了功夫就是粪。”

“庄家靠人管，人勤地不懒。”

中国还有句谚语：“一年忙到头，吃穿不用愁。”“一年忙到头”？对于悠闲自得地采集蒙果果的原住民，或是依靠少吃和睡觉过冬的法国农民，或是任何生活在非稻田文明地区的人来说，这样的谚语真是莫名其妙。

很显然，努力工作的精神品质在亚洲人身上很常见。在西方的各大名校，亚洲学生总被认为是最后离开图书馆的人。他们有时甚至因为这种看法而感觉被冒犯，因为他们觉得这种模式化的标签是某种被人轻视的表现。不过，亚洲学生依旧视努力为美德。事实上，到目前为止，本书提及的成功案例均是那些比同辈更努力的个人和团体的案例。比尔·盖茨在还是孩子的时候就沉迷于电脑，比尔·乔伊也一样。甲壳虫乐队花了数千小时在汉堡练习演出。而弗洛姆在机会降临之前，已经在不入流的并购诉讼业务上打拼了多年。努力是所有成功人士的共性，而稻田中产生的文明的精髓是，通过努力工作，在巨大的不确定性和贫穷中寻找人生的真正价值。

亚洲人在许多方面受惠于这种文化，其在数学方面取得的成就最为突出。

斜率“难题”

数年前，加州大学伯克利分校数学教授艾伦·舍恩菲尔德（Alan

Schoenfeld）在一项实验中录制了一段视频。视频中一个名叫蕾妮的受试者在答数学题。蕾妮 20 多岁，有一头长长的黑色秀发，戴着银框眼镜。视频中，她正在使用一款代数教学软件。屏幕上显示着 x 轴、y 轴，当使用者更改坐标参数时，程序就会绘出相应的图形。例如，当 x 轴的值为 5，y 轴的值也为 5 时，屏幕上绘出的图形如图 8–1 所示。

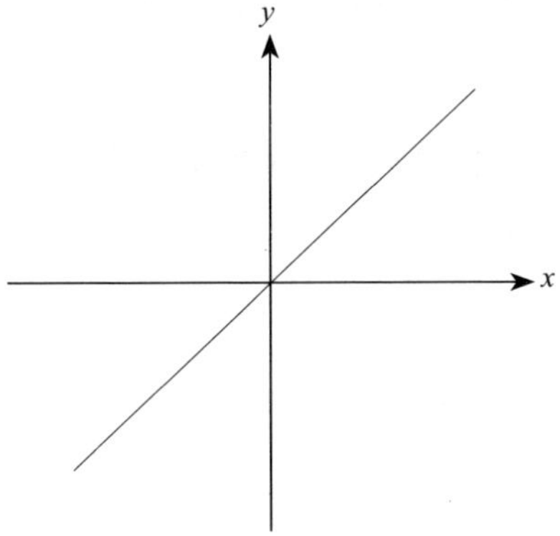

图 8–1　图形 1

一看到图 8–1，我敢说很多人就会依稀记起中学时代学过的代数。但是请放心，你没有必要复习任何代数公式就能理解蕾妮这个例子。事实上，在下面这段访谈中，你应该关注的不是她说了什么，而是她说话的方式，以及她为什么以这种方式说话。

舍恩菲尔德设计的这个程序是教学生计算直线的斜率。斜率，如果你还记得的话（其实我敢说你一定忘了，我反正是早就忘了），是指一条直线相对于横坐标轴的倾斜程度（y 轴数值除以 x 轴数值）。上面图形中那条线的斜率为 1（x 轴和 y 轴均为 5）。

蕾妮坐在电脑前看着键盘，她正在思考要输入什么样的斜率，程序才能画出一条垂直于 x 轴的直线，也就是与 y 轴重合的直线。没有忘记中学代数的人知道，这种斜率根本不存在：垂直于 x 轴的直线没有斜率。这是因为垂直于 x 轴的直线的 y 轴数值为无穷大，而垂直于 x 轴的直线的 x 轴数值是零。数学上任何数除以零都没有意义。

然而蕾妮并没有意识到自己正在求解的题目是没有答案的，她的这种错误被舍恩菲尔德称为“概念性错误”。舍恩菲尔德在这个视频中想展现的，就是人们要如何正确处理这种概念性错误。

蕾妮是一名护士，她对数学没有特别的兴趣。然而为了解决这个难题，她一学会使用这款软件就好像被吸在电脑上了。

“现在，我想做的就是按照这个公式画一条和 y 轴平行的线。”她说道。舍恩菲尔德就坐在她对面。蕾妮有些不安地看着教授：“我最近一次做这种题目是 5 年前的事了。”

她开始尝试输入不同的斜率。

“现在如果我把斜率减 1……我就能把这条线变直了。”

随着斜率数值的变化，屏幕上的这条线也随之变化。

“哦，这好像还不是一条垂直于 x 轴的直线。”

她困惑不解。

“那你打算怎么办？”舍恩菲尔德问。

“我打算画一条和 y 轴平行的线。我该怎么做呢？我想我应该再在这里改一改。”她指了指屏幕上的 y 轴，“我刚才就发现了。我把这里从 1 变成 2，这条线就有了相当大的变化。如果我现在继续改动这里，这条线就能持续变化。”

这正是蕾妮犯的概念性错误的所在。她注意到把 y 轴的数值设得越高，得到的直线就越接近于垂直于 x 轴。所以，她认为要想让这条线越来越陡，陡到垂直于 x 轴的状态，增加 y 轴的值是关键。

“我猜 12 或者 13 应该可以，或者 15 呢？”

几个 y 轴数值所对应的图像结果让她皱起眉头。她跟舍恩菲尔德你一言我一语地交流着。她问教授问题，教授则通过回答她的问题慢慢地把她往正确的方向引导。她一步一步尝试，一个数值一个数值地检验。

终于，她输入了 20，这条线变得更陡了一点儿（如图 8–2）。

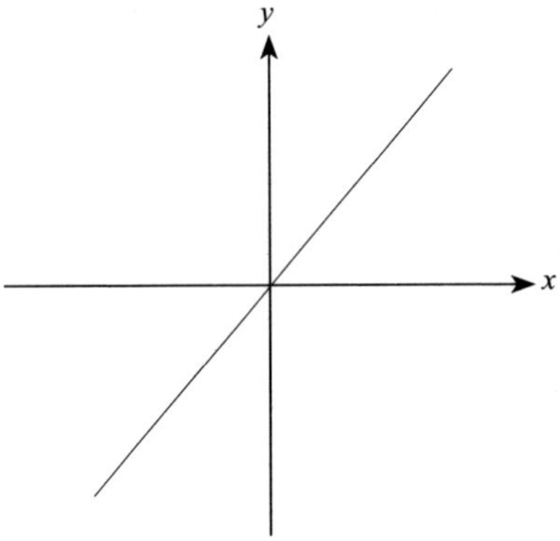

图 8–2　图形 2

她输入 40，线更陡了（如图 8–3）。

“我想这其中一定有某种联系。但是至于这种联系到底是什么，我觉得很难理解……那么 80 呢？如果 40 到这里，那 80 应该能够让直线垂直于 x 轴了。让我试试看。”

她输入 80，线更陡了，但仍没有垂直于 x 轴。

“对了，是无穷大，是不是？那是永远无法达到的。”蕾妮快要接

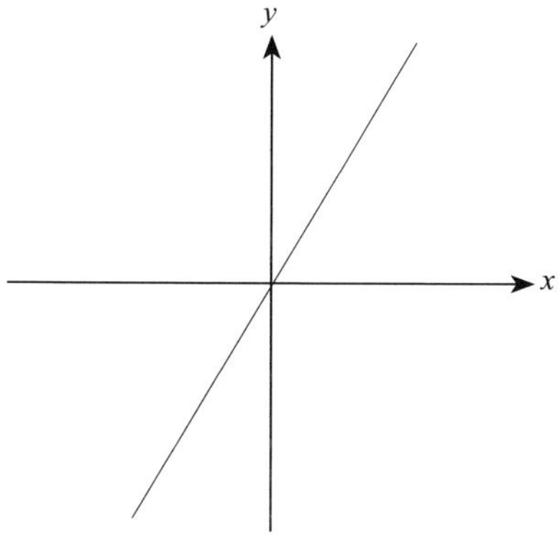

图 8–3　图形 3

近正确答案了，但她马上又回到原 j 先错误的概念中。

“那我该怎么办呢？100？每次把 y 轴数值加倍，都只能使线更靠近 y 轴，却不能使之与 y 轴重合……”

她输入了 100（如图 8–4）。

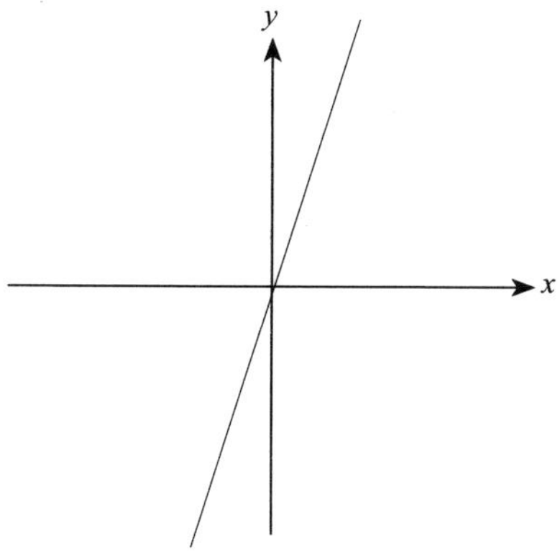

图 8–4　图形 4

“更接近了，但就是重合不了。”

她一边想一边自言自语，很显然，她的理解越来越深入了：“嗯，我明白了，虽然……但……我明白了。y 轴数值一旦增加，这条线就更接近 y 轴一些。不过，我还是有些地方搞不明白……”

她停下来，歪着脑袋看屏幕。

“我有点儿不明白，现在已经越来越接近目标了，但这仍不是我想要的……”

接着，她发现了问题的症结所在。

“哦！无论 y 轴数值增加多少，x 轴都是零，也就是说，任意数字除以零！”她的脸闪耀着光芒，“垂直于 x 轴的直线就是任意数字除以零——而这样的数是无穷大的！哈哈，好的，现在我明白了！垂直于 x 轴的直线的斜率是不存在的！哈哈哈，这下我可明白了，我不能再忘了！”

怎样做才算是勤奋

多年以来，舍恩菲尔德利用录像机拍摄了无数学生解决数学难题的过程。但是蕾妮的这段录像是舍恩菲尔德最推崇的，因为它完美地展现了数学学习的秘密。从蕾妮开始学习使用那个代数教学软件，到她最后说“哈哈哈，这下我可明白了”，一共用了 22 分钟。这可是一段相当长的时间。“这是一道美国八年级的数学题。”舍恩菲尔德说，“如果我让一个普通水平的美国八年级学生坐到蕾妮的位置上，我估计试不了几次他们就会说：‘我做不出来，给我解释一下吧。’”在另一次问卷调查中，舍恩菲尔德问高中生，他们在遇到一道难题做不出来决定放弃之前会花多长时间思考，他得到的答案从 30 秒钟到 5 分钟不等，平均时长为 2 分钟。

但是蕾妮却一直坚持。她不断尝试，虽然屡战屡败，但屡败屡战。她把自己的设想说出来，反复思索。她不断坚持，不愿放弃。一开始她就隐约知道自己画线的方法有问题，但她一直坚持，直到彻底解决问题才肯罢休。

蕾妮不是数学天才，“斜率”或“无穷大”这样的基本数学概念对她来说都不是很容易理解的概念。但舍恩菲尔德却从她的身上发现了不一般的品性。

“她身上的某种东西驱使她做出这种努力。”舍恩菲尔德说，“她并不愿接受肤浅的解释，然后说一句‘是的，你说得对’就走开。她愿意更深入地去理解问题，这一点异乎寻常。”他把视频退回到蕾妮发现斜率造成图形改变而露出一脸好奇的片段。

“看，”他说道，“她恍然大悟。许多学生对改变斜率造成图形变化这一点无动于衷，而她却在思考：‘这跟我想的不太一样，我不太理解。但这一点一定很重要，我想找到答案。’当她最终找到答案的时候，她说：‘是的，这就对了。’”

舍恩菲尔德在大学教授“疑难解决”课程。用他的话来说，这门课程设计的初衷就是帮助学生摆脱以前养成的不良学习习惯。“我选了一个难度适中的问题。”他说，“我告诉学生：‘我给你们布置一个为期两星期的课外考试。我知道你们会怎么做。第一个星期你们什么都不会做，要拖到第二个星期你们才会开始动手解决问题。但是现在我要提醒你们，如果你们只花一个星期，你们是无法答出这道题的。你们中肯定也有人今天就动手解决问题，但很快就会被难住。你们会来找我，跟我说，这道题你做不出来。但那个时候我会告诉你们，坚持下去，到了第二个星期，自然会有意想不到的进展。'”

很多时候我们希望自己天生就擅长数学。然而，只有一部分人有这种能力，另一部分人则没有。但对于舍恩菲尔德来说，态度比能力更重要。只要你有意愿，你就能驾驭数学。这也正是舍恩菲尔德向学生传授的理念。成功就是坚持不懈，就是顽强不屈，就是别人花 30 秒就放弃的事你却愿意花 22 分钟去思考的坚定信念。只要组织一群有“蕾妮精神”的学生，给他们提供空间和时间让他们在数学上钻研，他们就能取得长足的进步。在一个人人都有“蕾妮精神”——人们的这一品性源于其文化本身，正如“荣誉文化”植根于坎伯兰高原——的国度，人们不可能不擅长数学。

劳有所得

国际教育成就评价协会每 4 年会针对全世界的中小学生举办一次数学与科学研究和评测活动，这就是大名鼎鼎的 TIMSS 考试（即国际数学与科学趋势研究项目。在第 1 章，我们讨论生于招生日期前、后的四年级学生的学习差异时，提到过 TIMSS 考试）。这项研究旨在比较不同国家和地区在教育方面取得的成就。

各国和各地区学生在参加 TIMSS 考试时，都需按要求填写一份问卷。问卷里有各种各样的问题，诸如父母的受教育水平、对数学的看法、朋友都是什么样的人等。你可别以为这只是一份随随便便的问卷，这份问卷上的题目多达120道。实际上，这些问题既单调又麻烦，很多学生到交卷时都会有一二十道问题空着没填。

最有意思的部分出现了。问卷调查的统计结果是，不同国家和地区的学生答题的平均数量不同，也就是说，可以按照各国和各地区学生答题的平均数量进行排序。如果将答题平均数量排序和各国和各地区 TIMSS 考试得分排序放在一起比较，我们会发现什么呢？两者的排序是一致的。换句话说，哪个国家和地区的学生更愿意花时间仔细回答冗长的问卷，哪个国家和地区的学生在 TIMSS 考试中的成绩就更好。

碰巧发现这一现象的是宾夕法尼亚大学的埃尔林·博。“这真是出乎我的意料。”他说。博到现在也没能把这一发现发表在学术期刊上，原因是学术期刊认为他的论点过于怪异。[7] 提醒一下，他的论点并不是完成问卷的能力和数学考试的能力存在关联性，而是这两者根本就是完全一致的：你如果比较这两个排名，就会发现其结果完全一致。

让我们再换一个角度考虑这个问题。每年，在世界的某一个知名大都市都会举办奥林匹克数学竞赛，每个国家或地区都会派出 1 000 名八年级学生参赛。照博的观点，不需要任何数学题，我们就能精确预测每个国家或地区在奥林匹克数学竞赛中的成绩排名。我们要做的就是提供一份问卷，考察学生的努力意愿程度。实际上，我们连这样的问卷都不需要做，我们只要考察哪个国家或地区的文化特别强调努力的作用，就可以预测结果了。

那么，名单上的前几名是哪些国家或地区呢？答案也许并不令人感到意外：新加坡、韩国、日本、中国台湾、中国香港。这 5 个国家或地区的共通点在哪里？它们的共通点就是它们的文化都是崇尚有意义工作的稻田文明。① 千百年来，这些地方的贫穷的农民在稻田里坚持着每年 3 000 小时的耕种劳作。为了生存下去，他们的信念就是："一年忙到头，吃穿不用愁。"②

---

① 这里有两点需要说明：首先，中国大陆地区并不在名单中，原因是中国大陆地区至今没有选派学生参加 TIMSS 考试。但是中国台湾和中国香港在排名中如此靠前，表明了中国大陆地区要是参加考试，排名也不会差。

其次，更为重要的是，中国北方并不是稻田文明，而是麦田文明，所以我们不敢确定那里是不是更像西欧国家。中国北方人也擅长数学吗？就现有资料而言，我们还无法得出结论。心理学家詹姆斯·弗林指出，移民美国的中国人绝大多数来自中国南方，也就是擅长数学的人的家乡。在美国顶级学校，如麻省理工学院毕业的中国学生绝大多数是珠江三角洲移民的后裔。他还指出，美国华人中成就相对较低的是"四邑"人（也称"五邑"，指江门市辖下的新会区及 4 个县级市：台山、开平、恩平、鹤山。但在海外华人社区，很多人仍沿用"四邑"这一称呼）。他们来自珠江三角洲的边缘地带，"那里的土地相对贫瘠，农业很难进行精耕细作"。

② 事实上，曾经有专门的实验旨在检验亚洲人"坚持不懈"的品质。普丽西拉·布林科对日本和美国的一年级学生进行过测试，让他们回答大量有难度的智力题，看他们坚持多久才会放弃。美国学生平均坚持 9.47 分钟，日本学生平均坚持 13.93 分钟，比美国学生高出 40%。[8]

9

他们要在事业上取得成功，就必须牺牲自己的部分个性。

扭转风气：玛丽塔之幸

风气之先

20 世纪 90 年代中期，试验性公立学校 KIPP[①] 学园项目在纽约卢·贾里格初级中学宣布启动。卢·贾里格初级中学坐落在第七学区，这里正是纽约最贫穷的南布朗克斯区。学校的教学楼是一栋 20 世纪 60 年代的老建筑，在大片林立的冷冰冰的水泥建筑群中显得灰蒙蒙的。几个街区以外就是布朗克斯区的大广场街，入夜以后，一般没有人愿意独自走在这样的街道上。

KIPP 学园是一个教育项目。该学园采取大班授课模式：五年级有两个班，每班有 35 名学生。KIPP 的学生在入学前不需要参加考试，而是在布朗克斯区适龄的四年级学生中被随机抽选出来的。学生中有一半是非洲裔美国人，其余的是西班牙裔。这里有 3/4 的学生来自单亲家庭，有 90% 的学生符合学校“免费午餐”计划的条件——他们所

① KIPP，全称为 Knowledge Is Power Program，即“知识就是力量项目”。

在家庭的收入很低，需要联邦政府负担其午餐费用。

KIPP 学园像极了那种设立在糟糕的社区、拥有糟糕的校园环境的“盛产”让老师头疼的学生的学校，但当你走进这里时，你会对这里井然有序的一切大感意外。这里的学生总是排着队，安静而有序地从公共场所走过；学生们按照“SSLANT”① 的要求待人接物。校舍走廊的墙壁上挂满了 KIPP 毕业生所在大学的三角旗。去年，布朗克斯区又有数十个家庭的孩子通过抽选机制进入 KIPP 学园五年级的班级中学习。毫不夸张地说，经过 10 多年的发展，KIPP 学园已经成为纽约最受初中生欢迎的公立学校了。

KIPP 学园最著名的课程要数数学课了。在南布朗克斯区，只有 16% 的中学生的数学水平能达到全国平均水平。而在 KIPP 学园，许多五年级学生都会把数学列为他们最喜爱的学科。到了七年级，KIPP 的学生开始学习高中代数，到八年级期末，有 84% 的学生的数学水平超过全国平均水平，也就是说，这个由随机抽选的，生活在环境最差的地区（居住在这个地区的学生家长绝大多数没有上过大学）的低收入家庭的孩子组成的学校里的学生，在数学方面与那些家庭条件优越的学生一样出色。“这里的孩子在入学时的写作水平都不怎么高。”戴维 · 莱文（David Levin）说［KIPP 学园是莱文跟另一名教师迈克尔 · 范伯格（Michael Feinberg）在 1994 年创建的］，“他们一直在努力提高自己的写作能力。但是当他们毕业的时候，他们在数学方面的成绩却突飞猛进了。”

---

① SSLANT，全称为 smile, sit, listen, ask, nod, track，即“微笑”、“就座”、“倾听”、“提问”、“点头示意”和“目光追随”。——译者注

2013年，全美国已有50多家KIPP学园，更多学园正在筹备建设当中。KIPP项目代表了美国教育的新理念。然而，KIPP项目的成功并非依靠环境、师资或制度创新，它的成功依靠的是人们对文化传承的深刻理解。[1]

西方教育的传统

19世纪初，一批教育改革者着手建立美国的公共教育系统。当时，公立学校缺乏统一的规划，很多学校只是人们随意找一间房子做教室就算成立了，班级里的学生往往也处于超员状态。在农村，为了让学生们在播种和收割季节回家帮忙，学校只在夏季开课，春秋两季放假；在城市，公立学校的日程表则完全是按照工人阶级父母毫无规律的作息时间制定的。改革者们希望通过教育改革确保所有孩子都能上学，使公立学校有能力培养出具有足够读写和算数能力的、符合公民基本素质要求的学生。

然而，历史学者肯尼思·戈尔德（Kenneth Gold）指出，当时的教育改革者特别担心学生的上课时间过长。[2] 1871年，美国教育部官员爱德华·贾维斯（Edward Jarvis）发表了一份名为《教育与精神疾病的关系》的报告。报告指出，在1 741例精神疾病患者中，因“过度学习”而患病的病人多达205例。“教育成为大规模人群罹患精神疾病的元凶之一。”贾维斯写道。在这一时期，马萨诸塞州公共教育先驱霍勒斯·曼（Horace Mann）也认为，让学生过度学习“会对学生的个性与生活习惯造成极为恶劣的影响……过度用脑无疑会对其健康造成损伤”。在当时的教育类期刊中，许多文章也充斥着对学生过度学习压抑其天性的担忧。

关于教育改革者的观念，戈尔德写道：

> 我们倡导减少学习时间，因为减少学习时间、增加休息时间有助于减少精神疾病的发生。因此，取消周末上课、缩短学生的在校时间、延长假期在19世纪成为一种流行做法。老师们一再被提醒“学生在学习的时候，不宜长时间集中注意力，因为这会使他们的身体机能下降。他们亦不宜长时间思考，这样会使其头脑糊涂”。老师们认为，适当休息可以增强大脑的认知和分析能力。马萨诸塞州教师协会的一名赞助者说：“不管是男孩儿还是女孩儿，不管年纪大小，只要他们想从教育中获得真知灼见，他们就必须在适当的时候休息。只有这样，他们才能形成自己的观点，而不是盲从于教师或者权威。”

这种认为休息状况会影响工作表现的理念自然跟亚洲人关于学习和工作的理念不同。亚洲人的这种世界观形成于稻田之间。珠江三角洲的农民每年种植两季甚至三季水稻，休耕时间很短。事实上，水稻的营养成分主要得益于水的灌溉，人们耕种的次数越多，收获的粮食也就越多。

但是，西方农业却恰恰相反——无论是麦田还是玉米地，每隔几年必须休耕，否则土地很快就会变得贫瘠。每年冬天都有一些土地需要休耕，而休耕就会减缓春种秋收的节奏。据此，西方教育改革者对儿童大脑“耕耘”的方式就容易理解了。在确立教育规范的时候，人们通常会遵循与此类似的其他规范，而他们只知道小麦的种植需要休耕。所以，头脑即便需要“耕耘”，也不应过度，否则就会变得“贫瘠”。如何避免大脑“贫瘠”呢？那就是将暑假延长——这一美国特色的文化遗产对美国学生的学习方式影响深远，直至今日。

成绩到底差在哪儿

暑假很少成为美国教育界争论的话题，正如高中足球赛和高年级舞会一样，暑假被认为是学校生活必不可少的一部分。但是，在看过下面的小学生成绩的对比表后，你就会对长时间休假的意义心存疑虑了。

这份实验数据来自约翰斯·霍普金斯大学社会学家卡尔·亚历山大（Karl Alexander）。[3] 亚历山大选取了巴尔的摩市650名公立小学的学生作为观察对象，从一年级开始对其进行数学与阅读能力的“加利福尼亚测试”，然后随年级增长追踪他们的成绩变化。表9–1是小学一年级至五年级学生的阅读成绩表，按其家庭经济状况分为高、中、低收入家庭。

表9–1　小学一年级至五年级学生阅读成绩表

单位：分

家庭经济状况	年级				
	一年级	二年级	三年级	四年级	五年级
低	329	375	397	433	461
中	348	388	425	467	497
高	361	418	460	506	534

请看第 1 列，即小学一年级学生阅读成绩的情况。学生在一年级入学时，依家庭经济状况不同，他们的知识与能力的差别明显。高收入家庭的孩子比低收入家庭的孩子得分平均高出 32 分——顺便说一句，巴尔的摩低收入家庭一年级学生的经济状况的确很差。再来看第 5 列，也就是学生在五年级时的阅读成绩。经过 4 年的学习，低收入家庭的孩子与高收入家庭的孩子的阅读成绩差距开始成倍扩大。

这种“成绩差异”现象并非偶然，而是亚历山大在反复观察后确认的。对这一现象的解释可能会令某些人感到不快。第一种解释是，低收入家庭的孩子没有高收入家庭的孩子的学习能力强，因为他们不够聪明；第二种解释是——也许比第一种乐观些——学校教育使差学生变得更差，学校没有为他们提供足够的教育资源。探寻成绩差异的原因正是亚历山大开展这一研究的使命所在，而他得出的结论却与以上两种解释截然不同。

巴尔的摩市的学校并没有在学年结束的 6 月让学生进行加利福尼亚测试，而是在暑假结束后开学的 9 月对学生进行测试。亚历山大认为，校方举行的第二次考试可以帮助他进行附加分析。他可以比较学生在开学时和在期末时的成绩，以精确掌握学生在学年内的成绩变化情况。通过比较在上一学年结束时和在下一学年开学时学生的成绩，他就可以测算出学生暑假期间的学习情况。换句话说，他可以——起码是部分地——了解各类学生在一个学年内出现了怎样的成绩差异，在一个暑假里又出现了怎样的成绩差异。

让我们首先来研究一下学生在学年内成绩的变动情况。表 9–2 展示的是从当年 9 月开学到次年 6 月放假前这段时间，学生考试成绩的增幅。其中，“总计”列是小学 5 年成绩增幅的累计。

表 9–2　学生在一个学期内的成绩增幅

单位：分

家庭经济状况	年级					总计
	一年级	二年级	三年级	四年级	五年级	
低	55	46	30	33	25	189
中	69	43	34	41	27	214
高	60	39	34	28	23	184

表 9–2 显示的情况跟表 9–1 截然不同。表 9–1 似乎表明低收入家庭的孩子在学校教育中落后了，但是表 9–2 说明事实并非如此。看一下“总计”栏，低收入家庭学生成绩的累计增长量是 189 分，比高收入家庭孩子的 184 分还高出 5 分，他们只是比中等收入家庭的孩子的成绩低。而在小学二年级的时候，低收入家庭孩子的得分比其他两类家庭孩子的都高。

表 9–3 显示的是暑假期间学生阅读成绩的变化情况：

表 9–3　暑假期间学生阅读成绩的变化情况

单位：分

家庭经济状况	年级				总计
	一年级	二年级	三年级	四年级	
低	–3.67	–1.70	2.74	2.89	0.26
中	–3.11	4.18	3.68	2.34	7.09
高	15.38	9.22	14.51	13.38	52.49

你看出问题出在哪儿了吗？请看第 1 列，即小学一年级学生暑假过后的情况：高收入家庭的孩子在 9 月回到学校时，他们的阅读成绩提高了 15.38 分，而同期低收入家庭的孩子的阅读成绩下降了近 4 分。低收入家庭的孩子在学期中有可能比高收入家庭的孩子学得多，但在暑假期间，他们却大大落后了。

再看表 9–3 的“总计”列，即暑假期间的得分总计。低收入家庭孩子的阅读成绩只增加了 0.26 分，也就是说，在阅读方面，只要没开学，低收入家庭的孩子就没什么长进。而高收入家庭的孩子暑假期间阅读成绩共跃升了 52.49 分。事实上，高收入家庭的孩子与低收入家庭的孩子的差距主要是在非在校时间内形成的。

在这里我们看到了什么？我们看到了父母教育方式的差异的确造成了孩子之间的差别，这一问题我们在克里斯托弗 · 兰根的例子中提到过。回忆一下拉里奥博士研究的 9 岁男孩儿小威廉的故事。小威廉的父母按照“协同培养”的原则教育孩子，带他去博物馆，为他在各类辅导课程中报名，支持他参加学校的夏令营。他在家有很多书可以看，所以他不会觉得无聊。他的父母视让孩子充分接触社会为己任。因此暑假过后，小威廉的阅读和数学成绩大幅提高就不足为奇了。

但是小姑娘布林德尔却在以另一种方式生活：她的父母没有足够的钱让她参加夏令营，她也不会进入特长班学习；当她在家里觉得无聊的时候她也没什么书可看，能看的也许只有电视。当然，她的假期很可能过得也很愉快：结交新朋友，外出游玩，看电影，过一个许多人都向往的无忧无虑的暑假。然而，一个无忧无虑的暑假对她的阅读与数学成绩毫无益处。经过一个暑假，她与小威廉之间的差距更大了。小威廉并不一定就比布林德尔更聪明，但小威廉学的东西比她多：小威廉花了整个暑假的时间学习各类课程，而在此期间，布林德尔却在看电视或者在外面玩耍。

这两名小学生的故事提醒我们，美国教育界的争论并没有把握住关键点。人们花大量时间讨论缩减班级人数，修订新版课程，为学生购买新电脑，增加教育投资——所有这些都是建立在错误的学校定位之上的。看看表 9–2，表中的数据说明，从 9 月到次年 6 月，学校的确发挥了作用。但真正的问题在于，对于成绩不佳的孩子来说，学校教育远远不够。

小威廉成绩的提高依靠的就是增加学习时间，假如巴尔的摩所有的小学生也能增加一年的学习时间，就会跟他一样提高成绩。另外，表 9–2 还说明，学生无论贫富，经过同等努力，其成绩提高的幅度是一样的。

顷刻间，亚洲人在数学方面拥有优势的根本原因浮出水面：在亚洲，学校的暑假并没有那么长。为什么？因为凡是崇尚通过勤奋取得成功的文明，都不会让学校随随便便放 3 个月那么长的暑假。美国学生每年在校时间平均为 180 天，而韩国是 220 天，日本则是 243 天。

根据近期世界中学生数学竞赛的结果，就代数、微积分和几何知识的掌握情况来看，日本十二年级学生得分率为 92%。这正是 243 天学习的结果，日本学生有足够长的时间学习一切应该学习的内容，遗忘的可能性也大为降低。而美国十二年级学生的得分率则为 54%。对家境贫寒的学生来说，问题的关键不在学校，而在于美国的暑假制度不科学。这也正是 KIPP 学园要解决的问题。KIPP 学园将稻田文明的精华引入了美国。[4]

对症下药

“他们早晨 7 点 25 分上课。”莱文在谈到布朗克斯 KIPP 学园时说，“他们会先进行半小时的思维技能训练，直到 7 点 55 分。每天他们都有 1.5 小时的英语课，1.5 小时的数学课。到了五年级，数学课变成每天 2 小时。此外还有 1 小时的自然科学课，1 小时的社会课，每周至少两次 1 小时的音乐课，高年级还会再加 1 小时 15 分钟的管弦乐课，而且每个人都要上管弦乐课。这样一来，正常的上课时间就会从早晨 7 点 25 分持续到下午 5 点。5 点之后还有家庭作业小组、补习小组和运动队。这样一来，有些孩子的在校时间就是早晨 7 点 25 分到晚上 7 点。把午餐和午休时间算在内，我们的学生平均比传统公立学校学生的在校时间多 50%~60%。”

莱文站在教学楼的大厅里。现在正是午饭时间，一队队排列整齐的学生从这里走过，所有学生都身着 KIPP 校服。莱文叫住了一个校服下摆没有整理好的女生。“请大家尽可能地保持优雅。”他一边说一边做把上衣塞进裤子里的动作。莱文继续说道：“周六的上课时间是上午 9 点到下午 1 点，如果是夏天，周六的上课时间则是从上午 8 点到下午 2 点。”莱文说，在 7 月，KIPP 会有为期 3 周的暑期课程。这正是暑假期间小威廉享有而家境贫寒的孩子没有的额外课程。KIPP 学园仅仅依靠缩短暑期时间就赶上了小威廉的步伐。

“开始的时候是很难的，”他继续说道，“扛到放学之时他们都已不耐烦了。他们之所以能坚持下来，部分是因为耐性，部分是出于意愿，部分也是因为希望得到老师的表扬，或者本来就认为学到的东西有意思，也有一部分原因是认为必须要遵守纪律。无论如何，他们都按照学校的要求做了。我们向学生强调毅力和自制力的重要性，这对学生们完成学习任务也发挥了很大作用。”

莱文沿着大堂走廊来到八年级的一个班上，他站在后门观察该班数学课的上课情况。一个名叫亚伦的学生正在讲台前板书一道思考题，KIPP 学生每天早晨都要做这样的题目。一个扎着辫子的 30 多岁的男老师弗兰克 · 考克兰（Frank Corcoran）坐在台下倾听亚伦的讲解，他只是偶尔走上台引导学生讨论。这样的场景在美国司空见惯，但唯独有一点不同：站在讲台上的亚伦，花了 22 分钟认真地、系统地作答。他与台下同学交流意见，并讨论用不同的方法求解。这与蕾妮一遍遍耐心地求解斜率如出一辙。

“增加教学时间能使老师在更轻松的氛围中教学。”下课后考克兰说，“我发现数学教学完全取决于方法。那些数学成绩名列前茅的学生完全是因为受到了激励。认为有些人擅长数学，有些人则不行，这完全是人们的偏见，事实并非如此。我认为增加教学时间可以让老师有更多的时间给学生们讲解数学题，同时使学生的学习节奏放缓，给他们更多的时间复习、消化。与我们的直觉不一样的是，放慢节奏其实可以使学生学得更多，使其对学习内容的理解更加深刻。我上课也可以更放松，并且有时间与学生们做游戏。学生可以问更多他们感兴趣的问题，我可以给他们答疑。学生在遇到不清楚的问题时也有时间查资料，不会有时间方面的压力。”增加教学时间使考克兰有机会把数学学习变得更有意义，也让学生能更好地理解努力与回报之间的关联。

教室的一面墙上挂满了“纽约州优秀学生”奖状，获奖的都是考克兰任教班级中的佼佼者。“班上有个女孩儿，”考克兰说道，“她在五年级的时候数学成绩非常糟糕。在每周六上补习班的时候，她总是因为不会做题而哭鼻子，而且哭得非常伤心。”说到这儿，考克兰有些触景生情，他避开我的目光，看向地面，继续说道：“几个星期前，我们刚收到她的电子邮件。她说她考上了大学，她现在的专业是会计学。”

挑战自我

所有化腐朽为神奇的故事都差不多，但它们只出现在畅销书中或者煽情的好莱坞电影里。KIPP 学园带给孩子们的改变没有那么光辉灿烂。想明白多学 50%~60% 意味着什么，请看下面这个 KIPP 学生普通的一天。

我们采访的学生名叫玛丽塔。她生活在一个单亲家庭，母亲从未上过大学。母女俩住在布朗克斯区一个公寓单间里。之前玛丽塔在家附近的教区学校上学，直到母亲听说了 KIPP 学园。“在四年级的时候，我和我的朋友塔尼娅一起申请了 KIPP 学园。”玛丽塔说道，“我还记得当时面试我的是欧文斯小姐。她为我介绍了 KIPP 的情况，让我觉得我要去的地方简直就是监狱。我差点儿哭出来。欧文斯小姐的意思是，如果我觉得太苦而忍受不了，可以退出。但是当时我妈妈在那儿，我只好签字。”

进入 KIPP 学园后：她的人生从此被改变了（在阅读下面的文字时，请记住，玛丽塔只是一个 12 岁的女孩子）。

> 早晨 5 点 45 分起床是一个不错的开始。起床后，我会刷牙、洗澡。如果起得晚我会在学校吃早餐。因为我吃饭的时间比较长，我经常会被老师提醒。我会在公交车站与好友黛安娜和史蒂文会合，我们通常能坐上第一班车。

5 点 45 分起床对 KIPP 学园的学生来说很平常，特别是那些需要坐很久的公交或地铁来学校的学生。有一次，莱文在七年级旁听一节音乐课。课间他调查了一下上音乐课的 70 名学生早晨都是几点起床的。一小部分学生是早晨 6 点起床的，3/4 的学生在 6 点之前起床，超过半数的学生说他们通常 5 点半之前就起床了。玛丽塔的同班同学何塞甚至说他有时 3 点或 4 点就起床了。他们经常会在前一天晚上完成家庭作业，然后“在床上稍微睡一会儿”。

玛丽塔继续说道：

> 我下午 5 点放学。如果在路上没耽误时间，我下午 5 点半就会回到家。我跟妈妈简单打声招呼就开始做作业。如果作业不多的话，我做作业就会用两三个小时，晚上 9 点左右做完；如果作业里还有一篇论文，我可能要到 10 点或者 10 点半才能做完。
>
> 妈妈经常打断我做作业，叫我吃饭。我总想做完再吃，但她

说要先吃饭。我一般在 8 点左右吃饭，吃半个小时，然后继续做作业。有时等我完成作业，妈妈还想跟我聊聊学校里的事。我通常只能跟她简单说说，因为我想赶在 11 点前睡觉。睡前我会把第二天的书包准备好，然后上床。我会在睡前跟妈妈聊聊白天学校发生的事，说不了多久，她就迷迷糊糊快睡着了，这时候一般是 11 点 15 分。我也很快就睡着了。第二天，这一切就会重来一遍。我们住在一个房间里，但是房间很大，可以分成两个空间，两张床放置在房间的两头。我跟妈妈总是无话不说。

她郑重其事地说着跟她的年龄很不相符的体验。她说这些的时候俨然就是一个驾轻就熟的律师，或是镇定自若的医生，只是脸上少了黑眼圈，手中少了一杯热气腾腾的咖啡。还有就是，她的年纪太小了。

“只要有必要，我有时候甚至不睡觉。”玛丽塔继续说道，“如果我头一天夜里到 12 点才睡，在第二天下午上课时我就会打瞌睡。但我会马上振作精神，因为我不想漏掉任何内容。我记得有一次我上课打瞌睡，老师看见了就对我说：‘下课后我们谈谈好吗？’他问我：‘你为什么在上课时会打瞌睡？’我回答说昨天睡得太晚了。他就说：‘你需要早一点儿睡。’”

机遇之歌

玛丽塔的生活并不是一个普通 12 岁女孩儿应有的，也不是我们传统理念所希望的孩子的生活状态。传统理念认为，应该给孩子足够的时间玩游戏、休息和做梦。但玛丽塔是个肩负责任的孩子。社会对她的要求和对韩国飞行员的要求在本质上是一样的：他们要在事业上取得成功，就必须牺牲自己的部分个性。对韩国飞行员来说，对权威毕恭毕敬的行为在驾驶舱中必须被叫停；对玛丽塔来说，原有的生活环境给予她的品性不足以让她适应新环境，即周末和暑假与中等收入和高收入家庭的孩子一同补课，使自己的成绩大幅提高。她的生活圈子没有给予她这些便利。那么，她该怎么办？她只能放弃每天晚上和周末的娱乐活动，放弃与朋友们一起玩耍——这些都是她之前生活的基本要素——回到 KIPP 加课。

以下是玛丽塔接下来的描述，这些经历让人为之动容：

刚上五年级的时候，我还常跟原来学校的一个好友来往，每周五放学我都会去找她。我会在她家一直玩到我妈妈下班回家。我会在她家做作业，而她却没有家庭作业。她总说："啊，上帝，你在学校待的时间也太长了吧。"她说她也想去 KIPP，但是她觉得 KIPP 太苦，又不想去了。我说："每个人都说 KIPP 很苦，但一旦你适应了那里的生活，也就不觉得那么苦了。"她就会说："那是因为你比我聪明。"我说："不，我们每个人都很聪明。"当她得知我们要到 5 点才放学，而且还有很多家庭作业时，她很气馁。我告诉她，我们之所以有这么多作业，是因为我们想要学得更好。这个时候，她就会生气地跟我说她不想再听了。现在，我所有的朋友都是在 KIPP 上学的同学。

这对孩子来说要求太高了吗？的确太高了。但是请想一想，玛丽塔因为上了 KIPP 学园，她的前途有了多么大的改变。玛丽塔与 KIPP 达成了一项“交易”——玛丽塔必须每天早晨 5 点 45 分起床，每周六上课，每天晚上做作业到 11 点。作为交换，KIPP 承诺给予这些身陷贫困的孩子摆脱贫困的机会。KIPP 的学生中会有 84% 的人的数学成绩居于美国同年级学生的平均水平之上，90% 的学生在毕业后会考取私立或教区高中，而不是布朗克斯区那些教学质量较差的高中。高中毕业后，又有 80% 的 KIPP 学生最终得以考取大学。这些孩子中的很多人都是家里的第一个大学生。

对玛丽塔来说，她和 KIPP 的“交易”有什么坏处呢？我们在本书中讨论的所有成功者案例都遵循着某种可预知的线索。这条线索并不完全是智力因素，因为如果真是这样的话，克里斯托弗 · 兰根就应该比爱因斯坦更成功；这条线索也不完全是个人选择和个人努力的结果。这条线索，确切地说，在某种意义上是“上天的成全”。“异类”是那些获得特殊机遇之人，是那些耐心等待，当机遇到来时就当仁不让地把握住的人。对于加拿大的冰球运动员来说，生于 1 月就是他们进入全明星队的机遇。对于甲壳虫乐队来说，汉堡之旅就是他们成名的机遇。对于比尔 · 盖茨来说，他的特殊机遇就是生在正确的年代，并在初中时代就获得电脑终端。对于弗洛姆和沃切尔 · 利普顿 · 罗森 · 卡茨律师行的创始人来说，机遇是多重的：他们出生于最佳年代，有着能给他们最勤勉激励的父母；他们拥有少数族裔身份，这种身份帮助他们在纽约其他传统律师事务所涉足公司并购官司以前，就已在这个领域实践了 20 年。最后是大韩航空，直到公司帮助飞行员突破原有文化的禁锢，他们才最终扭转了局势。

我们从中得到的启示其实相当简单，但却一直被人们忽视。我们十分敬畏那些最优秀、最聪明、自学成才的“异类”，我们认为这些人命中注定就该从芸芸众生中脱颖而出。我们了解比尔·盖茨的成就，惊叹他13岁时就自觉地走上了超级企业家的道路。但是，这是一种错误的总结。事实是，1968年的世界只为这唯一一个13岁男孩儿打开了使用电脑终端的方便之门。假如当时有100万个孩子获得了这样的机会，今天世界上又会有多少家微软呢？要构建一个更加美好的世界，社会就要重新排列幸运的拼图，例如重新安排某些关键日期，将机遇分配给更多的人。在加拿大，假如冰球联盟为下半年出生的孩子再组织一个联盟，那么今天我们就有双倍的冰球明星了。将这种理念推广下去，天才的花朵就会更灿烂地开放在所有领域，而我们的世界也一定会比现在更富足。

玛丽塔不需要学校有更大的体育场，更知名的教师；她不需要笔记本电脑，小班授课，拥有博士学位的班主任，或是住进更大的房子；她也不需要有太高的智商，或是像兰根一样聪明。当然，所有这一切能有的话的确很好，但是这些依然不是要点。玛丽塔需要的其实只有一样东西——机遇。让我们看看玛丽塔手中现在把握的机遇吧！她的学校已经将亚洲的稻田文明引入布朗克斯，并且告诉她，做一项有意义的工作可以给一个人带来多么不可思议的影响。

尾声

故事来自牙买加

在牙买加，白人种植园主和奴隶组建家庭的情况很常见，
这正是历史给予黑人家族的特殊眷顾。

超常之辈

1931 年 9 月 9 日，年轻的黛西·内申生了一对双胞胎女儿。黛西是牙买加人，她和丈夫唐纳德在牙买加中部的圣凯瑟琳教区哈伍德镇学校当老师。当唐纳德得知自己有了一对女儿时，他双膝跪地，为两个女儿向上帝祈福。他们的女儿一个名叫费思，一个名叫乔伊丝。

黛西一家住在哈伍德镇圣公会教堂旁边，隔壁就是学校。事实上，所谓的学校只是一间大谷仓。有时，学校会有两三百名学生来上课，有时则只能来十几个。学生们会大声朗读或背诵九九乘法表，在石板上练习写字。只要天气好，黛西就会在教室外面的杧果树下上课。假

如孩子们上课不听话，唐纳德就会挥着教鞭从教室的一头儿走到另一头儿，于是孩子们便被吓得赶紧跑回自己的位置，课堂就恢复了秩序。

唐纳德是一个仪表堂堂、安静又有威严的人。他饱读诗书，在他的小书房里收藏着诗集、哲学著作，以及萨默塞特·毛姆等人的小说。他每天都会阅读报纸，关注国际大事。到了晚上，他的好友——圣公会牧师阿奇迪肯·海会来他家做客。两人会坐在阳台上畅谈牙买加时局。唐纳德的妻子黛西是圣伊丽莎白教区人，娘家姓福特，其父亲经营了一家小杂货铺。黛西家里有 3 个姐妹，她是其中长得最漂亮的一个。

黛西的两个女儿在 11 岁那年，获得了名叫圣希尔达的一所寄宿学校的奖学金。这所学校在牙买加北部，是一所老式的圣公会私立女校，建校伊始主要服务于英籍牧师、海员和资产阶级的子女。两个孩子从那里毕业后，又先后考入英国的伦敦大学学院。上大学后不久，乔伊丝参加了一个朋友的 21 岁生日聚会。这个朋友名叫格雷厄姆，是一位年轻的数学家。聚会上，格雷厄姆站起来想为大家献上一首诗，但却忘了词。原先根本不认识格雷厄姆的乔伊丝竟为他的窘态羞红了脸。很快，乔伊丝和格雷厄姆坠入了爱河，两人于不久后结婚。婚后他们移居加拿大，格雷厄姆成为数学教授，乔伊丝成为知名作家兼家庭治疗师。他们生了 3 个儿子，并在郊区的山上买了一栋漂亮的别墅。格雷厄姆姓格拉德威尔，他是我的父亲，乔伊丝·格拉德威尔是我的母亲。

干练的女人

这就是我母亲的成功之路。然而这还不是全部，事情的真正原因并不像表面看上去那么简单。如果只把故事讲到这儿，就等于讲比尔·盖茨的故事却没提湖滨学校的电脑课，讲亚洲数学天才的故事却不说稻田文明的影响。我母亲取得的成就，得益于她的机遇与文化传承。

1935 年，也就是在我母亲和姨妈 4 岁那年，南非约翰内斯堡威特沃特斯兰德大学历史学教授威廉·M. 麦克米伦（William M. MacMillan）来牙买加访问。麦克米伦是一位先天下之忧而忧的学者，在那个时代他就已经意识到南非黑人社会问题的严重性了。他在加勒比海地区奔走，宣传他的理念。

麦克米伦关心的诸多社会问题之一就是牙买加的教育体制问题。我们姑且把我外祖父在“大谷仓”学校从事的教学活动称作牙买加的“正规教育”，这样的“正规教育”只持续到孩子们 14 岁的时候。牙买加没有公立高中、大学。那些想继续深造的孩子大多跟着学校的校长学习，毕业后运气好的话能进入师范学校。更有抱负的学生则会想办法进入私立学校，从那里考取美国或英国的大学。

但是政府提供的深造名额十分有限，费用也不是普通人能负担得起的，且很多名额都不会对外公开。麦克米伦在其论及殖民地状况的著作《来自西印度群岛的警告》（*Warning from the West Indies*）中火药味十足地抨击英国政府：“政府提供的从小学到高中的途径过于狭窄，没有任何保障。”他指出，学校系统根本无视下等阶层人民的需要。“如果不平等的教育制度延续下去，社会矛盾就会被不断激化。”他警告说，倘若政府不能为民众提供平等的教育机会，整个社会就很可能会陷入动荡不安的局面中。[1]

麦克米伦的著作出版一年后，社会动荡席卷了加勒比海地区。这场动荡导致特立尼达有14人死亡，59人受伤；巴巴多斯有14人死亡，47人受伤。在牙买加一系列暴力事件导致国家瘫痪时，当局宣布进入紧急状态。在平息暴乱期间，大英帝国政府才想起麦克米伦的提醒。政府终于进行了一系列改革，通过了所有有资质的学生均享有私立高中教育机会的决议。1941年，改革正式实施，我的母亲和她的同胞姐妹在第二年参加了奖学金考试。这才是她们姐妹俩在牙买加读高中的真实社会背景。如果她们早出生三四年，她们是无法接受完整的学校教育的。我的母亲得益于她的出生时机，能接受更好的教育，同时她还要感谢1937年的动乱和历史学家麦克米伦教授。

刚才在谈到我的外祖母黛西·内申的时候，我只说她相貌好看，这似乎过于随意和肤浅了。我的外祖母是一个干练的女人。事实上，我的母亲和姨妈之所以能从哈伍德到圣希尔达读书，外祖母在其中发挥了至关重要的作用。我的外祖父是一个有修养、有学识的人，但是他沉溺于书本，是一个空想主义者。他也想让自己的女儿有出息，但他却没有做任何有实质性意义的努力促使女儿接受更好的教育。让这一切变为现实的是我的外祖母。去圣希尔达是我外祖母的主意：当地几个有钱人家的女儿去了圣希尔达，我的外祖母因此了解到什么是好学校。她不允许女儿和当地村子里的孩子为伍，而是请阿奇迪肯·海牧师做老师，教女儿们拉丁文和代数，这些都是中学的必修课程。

“她对孩子的期望是离开牙买加。”母亲回忆道，“她认为在牙买加我们不能实现自我价值。所以有任何能离开牙买加的机会，她都不会让我们错过。她的理想真是无限大。”

当奖学金考试结果出来的时候，只有我的姨妈考中了，而我的母亲却没有考中。这是我在前一节中故意省略的内容。我的母亲还清楚地记得，当时我的外祖父母站在过道里悄悄谈论这件事。“我们的钱的确不够。”我外祖父母的存款只够支付我母亲第一年的学费和校服费用，到了第二年怎么办？而他们也不能只送一个女儿去读书。最后还是我的外祖母意志坚决，她坚持把两个女儿都送去上学。最后，真是上帝的奇迹，在第一学年结束的时候，学校里有个女孩儿一人获得了两份奖学金，她把其中一份奖学金送给了我的母亲。

到了该上大学的时候，我的姨妈又获得了牙买加“百年奖学金”。这个奖学金是为了纪念牙买加废除奴隶制一百年而设立的，每年只有一个名额。为了彰显大英帝国的荣耀，这项奖学金将维持一百年。奖学金还规定，一百年内的 100 名获奖者中将有 50 名男生和 50 名女生，男生女生轮番获奖，也就是说，今年是女生获奖，明年就是男生获奖。我的姨妈申请奖学金的那年正是“女学生年”。我的姨妈是幸运的，而我的母亲则没有这份幸运。我的母亲接下来面临的就是如何支付去英国留学的高昂学费和生活费的问题。我的姨妈的奖学金刚够支付她一个人的费用，而这笔钱相当于我外祖父母一年的工资。当时没有什么学生贷款，也没有专为乡村教师提供的贷款信用额度。“我的父亲在这种情况下会说，‘我们已经没有钱了’。”我的母亲说道。

我的外祖母是怎么做的？她去了邻村的中国人商店。19 世纪，大量中国移民来到牙买加，并掌控了当地的经济命脉。按牙买加当地的说法，商店不叫“商店”，而叫“中国人商店”。我的外祖母来到一家中国人商店，找到强森先生借到了这笔钱。没人知道我的外祖母到底借了多少，反正是一大笔钱。人们也不太清楚强森先生为什么借钱给我的外祖母，只知道我的外祖母黛西·内申美名在外，她从不拖欠欠款，还有就是强森先生的孩子在我外祖父母任教的学校上学。当年，中国孩子在牙买加常受欺负，经常被当地孩子戏弄。我的外祖母黛西以善良随和著称，在当时的社会环境下给许多中国孩子创造了一片“绿洲”。而强森先生也许正是想借此了却一桩人情债。

“她当时告诉我这一切了吗？我甚至从来没问过她。”我的母亲回忆道，“所有事情就这样自然而然地发生了，我申请了大学，然后被录取了。我的命运完全是我的母亲引导的，而我却一直没有意识到这一点。”

我的母亲乔伊丝·格拉德威尔之所以能够完成大学学业，首先得益于麦克米伦博士，其次是圣希尔达女校那位愿意分享奖学金的校友，最后是中国人商店的强森先生。当然，在这一切中最重要的自然是我的外祖母黛西·内申。

女奴为妾

我的外祖母黛西·内申来自牙买加西北部，她的曾祖父威廉·福特是爱尔兰人。1784年，威廉来到牙买加，买了一片咖啡种植园。不久，他在牙买加南部的一个小渔村阿利盖特庞德看上了一个来自西非的伊博族女奴，威廉买下这个女奴为妾。不久后，他们生下了一个儿子，起名为约翰。用现在的话说，约翰是黑白混血儿，即有色人种。从那时起，威廉家族的后代就进入了牙买加有色人种的行列。

但与此同时，在美国南部，白人种植园主和奴隶组建家庭还非常罕见。白人与黑人的男女关系在道德上是不被允许的。禁止这两个种族通婚的法律直到1967年才被美国最高法院废除。种植园主和女奴公开生活在一起更是为整个社会所不容，他们的混血子女也依然被视为奴隶。

然而，在牙买加，情况却不太一样。那时，加勒比海地区是主要的奴隶贸易殖民地。黑人数量是白人数量的10多倍。适婚年龄的白人女性数量严重不足，因此，西印度群岛的绝大多数白人男性都会找黑人女孩儿或棕色人种女孩儿做情妇。在牙买加有一个英国农场主，他详细记录了37年间138个女人与自己发生过关系的事情，其中绝大多数是女奴，而女奴们与其发生关系也并非都出于自愿。在牙买加的白人把这些混血儿看成潜在的同盟，他们是白人与岛上数量众多的黑人之间的“缓冲地带”。混血女人以做白人的情妇为荣，她们孩子的肤色会更淡，从而在社会地位与经济地位的金字塔上占据更高一层。混血儿很少下地干活，他们在“室内”的工作更为轻松，似乎他们已经成为自由民了。有很多白人在立遗嘱的时候也会为混血子女留下一份产业：牙买加立法机关曾一度通过立法，规定2 000英镑遗产的征税办法（2 000英镑在当时是一笔相当可观的财产）。

“当欧洲人到达西印度群岛，并打算长期定居下来的时候发现，拥有一个管家或情人是非常有必要的。”18世纪的一位观察家写道，“而且选择还是多样的，有黑人，有棕色人种，有黑白混血儿，还有梅斯蒂混血儿[①]。100~150 英镑就可以在市场上买到一个女奴……如果女奴给主人生了孩子，孩子的身份就是自由民。假如其白人父亲有足够财力的话，很多混血孩子三四岁就会被送到英国本土接受教育了。”[2]

这就是我的外祖母黛西的祖父约翰出生时的社会环境。他已经脱离了黑奴身份，生活在一个奴隶贸易殖民地国家了。他是自由民，并受过良好的教育。他娶了一个有欧洲跟牙买加—印第安血统的混血女人做妻子，他们共育有 7 个子女。

“这些有色人种的社会地位已经提高了很多。”牙买加社会学家奥兰多·帕特森说，“到 1826 年，他们已经取得了完全公民权利。事实上，他们的完全公民权利跟当时的犹太人一样。从此，他们可以参加选举，做白人可以做的任何事情，他们的新身份与当时牙买加的奴隶制度并存。”

“可以想象，许多有色人种会努力成为技术工人。请不要忘记，牙买加是蔗糖产地，这与美国南部的棉花种植园完全不同。棉花种植主要是农业劳作，你可以在这里摘棉花，但必须在英国兰开夏郡，或在更北的地方加工棉花；蔗糖种植则是农业和工业的结合体，你必须在蔗糖产地设厂，因为甘蔗在被砍伐后几小时内就开始损失糖分了。这样一来，糖产地就必须有大量具备各种技能的工人，如制桶匠、锅炉工及木匠。当地大量有色人种都在从事这类工作。”

牙买加的英语精英阶层跟美国人不同，他们对政府的大型市政建

---

① 梅斯蒂混血儿指有 1/8 黑人血统和 7/8 白人血统的混血儿。——译者注

设不感兴趣，只想尽快赚钱回英国去，没人想在一个充满敌意的地方长久待下去。因此，建设新社会的任务——蕴含着大量机遇——就更多地落在有色族群身上了。

“到了19世纪50年代，牙买加首都金斯敦的市长已由有色人种担任。”帕特森继续说道，“《拾穗人报》（*Daily Gleaner*）的创办人也是有色人种。各个阶层都有有色人种，从很早以前他们就占据了专业技术阶层的大部分岗位。白种人只涉及商业和种植园业。有色人种更多地成为医生与律师，学校也由有色人种管理。首都金斯敦的大主教属于典型的棕色人种。他们不是商界大佬，但却是文化精英。”

表10–1显示了20世纪50年代早期牙买加的两类职业——律师与国会议员——的统计数据，表格按族裔和肤色划分。其中“白种和浅肤色”指白种人或有祖先是黑种人但现在已经完全看不出来有其遗传特征的人；“橄榄色”人种较上一种肤色深；“浅棕色”又比“橄榄色”更重（这两种肤色的差别在牙买加人口中较为明显）。还有一点请注意，在20世纪50年代，“黑种”人占牙买加总人口的80%，是其他有色人种总和的5倍。

除黑人外的有色人种虽然在牙买加人口中所占比例不大，但的确拥有很大的优势。他们的先辈曾在“室内”而不是室外工作，他们在1826年获得了完全公民权利，得到正常的工作机会而不是被奴役。在蔗糖作坊做有意义的技术活，而不是在甘蔗地里没命干活的有色人种，在两代到三代以后就取得了让其他有色人种难以望其项背的成就。[3]

表10-1　20世纪50年代牙买加律师与国会议员统计数据（按族裔和肤色划分）

族裔与肤色	律师（百分比）	国会议员（百分比）
华裔	3.1	—
印度裔	—	—
犹太裔	7.1	—
叙利亚裔	—	—
白种和浅肤色	38.8	10
橄榄色	10.2	13
浅棕色	17.3	19
深棕色	10.2	39
黑种	5.1	10
未知	8.2	—

换句话说，黛西·福特望女成凤的思想并非空穴来风，而是来自几代人优势的积累。和黛西一起长大的哥哥鲁弗斯，成年后成为一名教师与学者；弟弟卡洛斯去了古巴，回国后开了一家服装厂；黛西的父亲查尔斯·福特是一个批发商；而查尔斯的母亲安，其家族姓氏是鲍威尔——这是另外一个受到良好教育、社会地位逐渐变得显赫的家族，正是这个家族在两代以后培养出了科林·鲍威尔[①]。黛西的叔叔亨利拥有大量房产；祖父约翰——正是第一代移民威廉·福特和非洲女奴的儿子——后来的职业是传道人。整个福特家族有 3 个人最终获得

① 科林·鲍威尔（Colin Powell），第65任美国国务卿，在小布什总统任下服务。他是历史上官位第二高的非裔美国人，仅次于美国第44任总统巴拉克·奥巴马。——译者注

罗德斯奖学金[①]。如果说我母亲的成功得益于麦克米伦教授、1937年动乱、强森先生和我外祖母的话，那么我外祖母的成功就得益于她的哥哥鲁弗斯、弟弟卡洛斯、父亲查尔斯、祖母安和祖父约翰。

“异类”成功的真正原因

我的外祖母是一位了不起的女性。但有一点必须明确，福特家族家世日隆源于一次随性所为：威廉·福特在阿利盖特庞德的奴隶市场看上了我外祖母的曾祖母，并买下了她。

然而，那些未经仔细挑选买来的奴隶的命运是短暂而悲惨的。在牙买加，种植园农场主觉得，当奴隶们还年轻的时候从他们身上榨取最大价值是天经地义的，农场主会一直奴役这些奴隶直到他们没有利用价值或者死掉，然后再到市场上买新奴隶替换。然而，即便是这些只把奴隶当作财产的种植园主，他们对自己和女奴生育的子女也很疼爱。上一节提到的那个详细记录自己性事的农场主叫托马斯·西斯尔伍德，他一生风流放荡，但据说终生都喜爱一个叫妃碧的女奴，并和她生了一个儿子。但是对于在地里干活的其他奴隶，他却是一个魔鬼。他发明了“德比刑罚”来惩罚逃跑的奴隶：抓回来的逃犯首先要遭受鞭刑，随后农场主会将盐、酸橘汁和辣椒的混合物抹到逃犯的伤口上，然后命令一个名叫德比的奴隶将粪便排在逃跑者嘴里，并将其

① 罗德斯奖学金（Rhodes Scholarship）是一个世界性奖学金，每年会在13个国家选取85名优秀大学生去英国牛津大学读书。奖金金额最高可达4万美元。——译者注

嘴封住四五个小时。[4]

如此一来，我们就不难理解为什么牙买加的棕色人种对浅肤色人种会无条件地崇拜了，因为这是身份的巨大优势。他们会戴着有色眼镜审视对方，其严苛程度较之白人的肤色歧视甚至有过之而无不及。“很多时候，孩子就是在有肤色歧视的家庭环境中成长的。”牙买加社会学家费尔南多·亨里克斯（Fernando Henriques）在其著作中写道[5]：

> 肤色最浅的孩子的优势是建立在牺牲其他孩子的利益基础上的。从青春期到结婚之前，肤色中等或肤色较浅的孩子在招待其朋友时，家中肤色较深的孩子要回避。肤色中等或较浅的孩子被视为淡化家族肤色的希望，因此他们的顺利成长要被放在首要位置上。婚姻是进一步淡化家族肤色的另一个重要途径。而肤色中等或较浅的人会极力摆脱跟肤色较深的亲戚的社会关系……黑人家族也会努力营造自己的亲属肤色较浅的假象。有色人种家族内部的关系是建立在社会肤色歧视的基础之上的。

关于这一点，我的家族也未能幸免。我的外祖母黛西就以丈夫比自己的肤色浅为傲。然而，相同的歧视反过来也作用在她的身上——她的婆婆说：“我们都知道黛西是个好人，就是她的皮肤太黑了。”

我母亲的一位亲戚，我叫她琼阿姨，她也是一个视肤色为图腾的人。她属于前面表格中的“白种和浅肤色”人，而她的丈夫是牙买加—印第安人——有着深深的肤色和黑色的头发，他们的女儿恰恰遗传了父亲的肤色。在丈夫死后，有一次她坐火车去看女儿。路上她与同车厢的一个浅肤色男人互送秋波。下面的事是琼阿姨多年以后告诉我母亲的，在说这件事的时候，她羞愧难当。那天下了火车以后，她像陌生人一般从女儿身旁走过——为了不让一个对她感兴趣的浅肤色男人看到她有一个肤色这么深的女儿，她竟试图掩盖和亲生骨肉的血缘关系。

在20世纪60年代，我的母亲根据自己的经历写了《棕色面孔与伟大的主人》（*Brown Face，Big Master*）一书。[6]“棕色面孔”指的是她自己，“伟大的主人”在牙买加方言中是指上帝。在书中，她讲述了在她和我的父亲刚结婚时发生的一件事。那时候母亲刚刚生了我的哥哥，他们夫妇二人住在伦敦，正准备找一处新公寓。他们找了很长时间，最后，父亲终于在伦敦城郊找到一处公寓。然而，他们搬家的当天却被新的房东太太赶了出来。“你怎么没告诉我你的妻子是一个牙买加人！”房东愤怒地对我父亲说。

在书中，母亲记录了她与自己有色人种身份羞耻感的抗争，以及最后又与命运妥协的历程。在书的最后她写道，愤怒并不能解决问题，一个世代受惠于肤色偏见的牙买加家族，没有资格反过来指责同样用肤色偏见歧视别人的人：

> 我抱怨上帝：“作为黑色人种的代表，我在白人统治的世界中争取自由和平等，在这场战斗中，我受伤了！”上帝微微一笑，但并没有回应我的祈祷。我继续祈祷。上帝说：“你不也在做同样的事吗？想想那些被你忽略，让你避之唯恐不及的人，

想想那些只因肤色和你稍有不同，就被你区别对待的人，你耻于和他们扯上关系。你不是庆幸自己的肤色没有更黑吗？你不是庆幸你至少不是一个纯种黑人吗？”听到这儿，我对房东太太的愤怒与仇恨被消解了。我并不比她好，发生这种事情也是正常的……我们都应该为自私、傲慢和因排外而对别人造成的伤害而悔过。

从身世角度考虑自己的人生不是一件容易的事。对于母亲的成功，将其归结为个人奋斗战胜了固有社会身份更容易被传统理解。这正如乔·弗洛姆的成功一样（他可谓史上最伟大的律师），因为以他的种族，在他所处的时代，他所做出的个人努力是非凡的。他没有出生在律政世家，而是出生于服装厂的工人家庭，然而这样的身世依然为他提供了独特的优势，他凭借这一优势最终战胜了“白鞋”律师事务所代表的社会不公。比尔·盖茨本可以安心接受“天才”的称号，没必要在回顾人生历程的时候表现出谦卑：“是的，我是幸运的。”他之所以如此回答，是因为他明白自己的成功的确是因为幸运：没有湖滨学校电脑俱乐部在1968年为他提供电脑，就没有他今天的成就。无论是冰球运动员、比尔·乔伊、罗伯特·奥本海默，还是任何意义上的超常之辈，都无法目空一切地说：“我的成就完全依靠我自己。”他们的成功都是历史与环境的产物，是机遇与积累的结晶。超级律师、数学天才和软件企业家的成功依靠的也是人类的一般经验，他们的成就绝非石破天惊，也并非神秘莫测。他们处在特殊机遇与文化传承的网络中央，有些是与生俱来的，有些则是后天养成的；有些是自己争取的，有些则仅仅是因为运气。但这一切，都是其成功不可分割的一部分。说到底，所谓的“异类”从来就不是什么异类。

我外祖母的曾祖母在阿利盖特庞德渔村被买下。这一事件的结果是，她的儿子约翰·福特因此获得肤色优势，从而摆脱了奴隶身份。西印度群岛的独特社会结构将“走出去”的文化传递给我的外祖母黛西，并赋予她杰出的个性，这种杰出个性随后被她发扬光大，最终惠及我的母亲。而我的母亲之所以能够接受良好的教育，则得益于 1937 年动乱和强森先生的勤劳与积累。这正是历史给予我家族的特殊眷顾——假如杂货店老板的襄助，社会动乱的余波，“走出去”的文化，以及肤色特权优势可以惠及更多家族，那么现如今，将会有更多人实现自我价值，在他们漂亮的山顶别墅里优雅地静观这喧嚣的尘世。

致谢

我很高兴看到《异类》顺应了它自己的主题——成功。这是集体的努力，像往常一样，理查德·尼斯比特的作品给了我灵感。正是阅读《荣誉文化》（*Culture of Honor*）使我触发了许多关于本书的构思，感谢尼斯比特教授。

按照惯例，我期望我的朋友们可以对这本书的手稿提出各种意见。令人高兴的是，他们如我所愿给出了宝贵的意见，让《异类》更加完美。非常感谢雅各布·韦斯伯格、特里·马丁、罗伯特·麦克拉姆、萨拉·莱尔、查尔斯·伦道夫、塔利·法哈甸、佐伊·罗森菲尔德和布鲁斯·黑德勒姆。斯泰西·卡利什和萨拉·凯斯勒在研究和事实核对方面做了文书工作。苏济·汉森如往常一样发挥了她高超的编辑技能。戴维·雷姆尼克慷慨地让我从《纽约客》的工作中暂时解脱出来，使我得以完成这本书。一如既往地要感谢戴维·亨利·菲德尔，他是我在《纽约客》的编辑，他使我摆脱了自己对自己的束缚，并像往常一样让我意识到自己应该如何思考。我与菲德尔已经合作很久了，以至于现在我有了一个我喜欢称之为“内在菲德尔”（internal Finder）的东西，这是一种自我纠正的声音，即使在他不在的时候，我也能受益于他的智慧。菲德尔是我的无价之宝。

到目前为止，比尔·菲利普斯和我已经成功合作了两个项目，我非常开心能够再次加入他的“点石成金术”中。感谢你，比尔。希望我们的第三个项目也能获得成功。感谢英国企鹅出版社的威尔·古德拉德、斯蒂芬·麦格拉思，以及利特尔 & 布朗出版社的迈克尔·皮奇，尤其是杰夫·尚德勒，他见证了这份手稿的诞生。还要感谢利特尔 & 布朗出版社团队的其他成员：希瑟·费恩、希瑟·里佐和茹涅·达恩。我的加拿大搭档帕梅拉·马歇尔是一个“词汇巫师”，没有她，我无法想象我能出版一本书。

最后两份感谢中的一份要献给我的经纪人蒂娜·贝内特，她从这本书创作伊始就陪伴在我身边。她有见识、令人备受鼓舞且一向十分地明智，当我想到她为我所做的一切时，我就感到自己与1月1日出生的冰球运动员一样幸运。

我最要感谢的是我的父母格雷厄姆和乔伊丝。这是一本关于工作意义的书，而我是从我的父亲那里了解到工作是有意义的。他对他所做的一切——从最复杂的数学学术研究到园艺——都充满了喜悦、决心和热情。我对父亲的最早记忆是看到他在办公桌旁工作并意识到他很幸福。那时我还未意识到这是一个父亲可以送给他的孩子的最珍贵的礼物之一。我的母亲则教会我如何表达自己，她教会我清晰表达的美感。她读了本书的每一句话，并试图使我达到这个标准。《异类》是一部向我的祖母黛西致敬之作，她给了我的母亲成功的机会，而我的母亲也为我做了同样的事情。

注释

引言　罗塞托之谜

1. 约翰 · 布鲁恩和斯图尔特 · 沃尔夫已经出版了两本关于罗塞托的书：*The Roseto Story* (Norman: University of Oklahoma Press, 1979) and *The Power of Clan: The Influence of Human Relationships on Heart Disease* (New Brunswick, N.J.: Transaction Publishers, 1993)。关于意大利的罗塞托 · 瓦尔弗托雷以及美国宾夕法尼亚州的罗塞托城之间的比较，请参见 Carla Bianco, *The Two Rosetos* (Bloomington: Indiana University Press, 1974)。在宾夕法尼亚州的所有小城镇中，罗塞托在学术界的地位可能是独一无二的，它引起了学者广泛的兴趣。

1　马太效应：英超球员的优势累积

1. 在记者 S.V. 戴特所写的一篇文章中详细说明了杰布 · 布什为何认为自己是一个白手起家的幻想家，详见 S. V. Dáte，*Jeb:America's Next Bush*（New York：Jeremy P. Tarcher/Penguin，2007），esp.pages 80-81。戴特写道：

"杰布在 1994 年和 1998 年的竞选中都明确表示，他不会为自己的背景而感到抱歉，而会为自己的财务状况感到自豪，并确信这是他自己努力工作的结果。'我努力奋斗并取得成就，我为此感到自豪。'他在 1993 年对《圣彼得堡时报》说，'我没有内疚感，也没有做错任何事。'"

"这与他在 1992 年美国有线电视新闻网的《拉里 · 金直播》上表达的态度大致相同。在谈到他的商业机遇时，他表示，作为总统的儿子'总体而言是不利的'，'因为工作会受到限制'。"

"这种想法只能被描述为一种妄想。"

2. 在葆拉和罗杰·巴恩斯利初次注意到"相对年龄"优势现象时，莱斯布里奇"种马"队还是一支青年冰球队。他们在 1982—1983 年赢得了 WHL 冠军，三年后，他们被带回萨斯喀彻温省的斯威夫特·卡伦特。

3. "相对年龄"优势现象的综述可参见 Jochen Musch and Simon Grondin, "Unequal Competition as an Impediment to Personal Development: A Review of the Relative Age Effect in Sport," published in *Developmental Review* 21, no. 2 (2001): 147–167。

4. "自证预言"理论可以追溯到古希腊和印度文学，但是这个词本身是罗伯特·K. 莫顿提出的，参见 Robert K. Merton，*Social Theory and Social Structure*（New York：Free Press，1968）。

5. 巴恩斯利和他的团队所做的研究也涉足其他体育领域，参见 R. Barnsley, A. H. Thompson, and Philipe Legault, "Family Planning: Football Style. The Relative Age Effect in Football," published in the *International Review for the Sociology of Sport* 27, no. 1 (1992): 77–88。

6. 阿姆斯特丹大学的 A. 杜丁克的文章揭示了英超足球比赛的截止日期是如何产生与加拿大冰球队相同的年龄阶层现象的，参见 A.Dudink，"Birth Date and Sporting Success," *Nature* 368 (1994): 592。

7. 有趣的是，在比利时，足球队的年龄分组日曾是 8 月 1 日，而那时，将近四分之一的顶级球员出生在 8 月和 9 月。但是后来，比利时足球联合会的年龄分组日改为 1 月 1 日，可以肯定的是，在几年之内，几乎没有 12 月出生的精英足球运动员，而在 1 月出生的人数却很多。详细信息请参见 Werner F. Helsen, Janet L. Starkes, and Jan van Winckel, "Effects of a Change in Selection Year on Success in Male Soccer Players," *American Journal of Human Biology* 12, no. 6 (2000): 729–735。

8. 凯利·贝达德和伊丽莎白·杜伊的数据来源于"The Persistence of Early Childhood Maturity: International Evidence of Long-Run Age Effects," published in the *Quarterly Journal of Economics* 121, no. 4 (2006): 1437–1472。

2 10 000 小时定律：生于 1955 年的乔布斯和比尔·盖茨

1. 有关密歇根大学计算机中心的历史，请参见 "A Career Interview with Bernie Galler," professor emeritus in the Electrical Engineering and Computer Science department at the school, *IEEE Annals of the History of Computing* 23, no. 4 (2001): 107–112。

2. 埃里克森及其同事关于 10 000 小时规则的精彩文章之一是 K. Anders Ericsson, Ralf Th. Krampe, and Clemens Tesch-Römer, "The Role of Deliberate Practice in the Acquisition of Expert Performance," *Psychological Review* 100, no. 3 (1993): 363–406。

3. 丹尼尔·列维京在著作中谈及 10 000 小时，参见 Daniel J. Levitin, *This is Your Brain on Music*：*The Science of a Human Obsession*（New York：Dutton，2006），p.197。

4.Michael J.A. Howe，*Genius Explained*（Cambridge：Cambridge University Press，1999），p.3.

5. John R. Hayes, *Thinking and Learning Skills.* Vol. 2: *Research and Open Questions*, ed. Susan F. Chipman, Judith W. Segal, and Robert Glaser (Hillsdale, N.J.: Lawrence Erlbaum Associates, 1985).

6. Neil Charness, Ralf Th. Krampe, and Ulrich Mayr, "The Role of Practice and Coaching in Entrepreneurial Skill Domains: An International Comparison of Life Span Chess Skill Acquisition," in *The Road to Excellence: The Acquisition of Expert Performance in the Arts and Sciences, Sports and Games*, ed. K. Anders Ericsson (Hillsdale, N.J.: Lawrence Erlbaum Associates, 1996), pp. 51–126, esp. p.73.

7. 要了解更多有关分时革命的信息，请参见 Stephen Manes and Paul Andrews，*Gates: How Microsoft's Mogul Reinvented an Industry — And Made Himself* *the Richest Man in America* (New York: Touchstone, 1994), p. 26。

8. Philip Norman，*Shout! The True Story of the Beatles*（New York：Fireside , 2003.）.

9. 约翰 · 列侬和乔治 · 哈里森对乐队在汉堡时经历的回忆来自 George Harrison, Astrid Kirchherr, and Klaus Voorman，*Hamburg Days* (Surrey: Genesis Publications, 1999)，p.122。

10. Robert W. Weisberg, “Creativity and Knowledge: A Challenge to Theories” in *Handbook of Creative* ,ed. Robert J. Sternberg (Cambridge: Cambridge University Press,1999):226-250.

11. C. Wright Mills, “The American Business Elite: A Collective Portrait,” *Journal of Economic History* 5(December 1945):20-44.

12. Lee Butcher, *Accidental Millionaire: The Rise and Fall of Steve Jobs at Apple Computer*（New York:Paragon House ,1987）.

3　智商与机遇：“特曼人”的谬误

1. 克里斯托弗 · 兰根的那期《以一敌百》节目于 2008 年 1 月 25 日播出。

2. Leta Hollingworth，*Children Above 180 IQ*（New York:World Books, 1942）.

3. 其他关于刘易斯 · 特曼的生平及时代的著作有：Henry L. Minton, “Charting Life History: Lewis M. Terman’s Study of the Gifted,” in *The Rise of Experimentation in American Psychology*, ed. Jill G. Morawski (New Haven: Yale University Press, 1988)，Joel N. Shurkin, *Terman's Kids* (New York: Little, Brown, 1992)，以及 May Seagoe, *Terman and the Gifted* (Los Altos: Kauffman, 1975)。关于亨利 · 考埃尔的讨论来自最后一部作品。

4. 利亚姆 · 赫德森关于“智商测试”的局限性的讨论参见 Liam Hudson, *Contrary Imaginations:A Psychological Study of the English Schoolboy*（Middlesex:

Penguin Books,1967)。

5. Richard O. Lempert, Ddvid L. Chambers, and Terry K. Adams, "Michigan's Minority Graduates in Practice: The River Runs Through Law School," *Law and Social Inquiry* 25, no.2（2000）.

6. Pitirim Sorokin, *Fads and Foibles in Modern Sociology and Related Science*(Chicago:Henry Regnery, 1956).

4　社交与家庭：天才兰根的忧伤

1.Kai Bird and Martin J. Sherwin, *American Prometheus: The Triumph and Tragedy of J. Robert Oppenheimer* (New York: Knopf, 2005).

2. 罗伯特·斯滕伯格写了很多关于"实践智力"的文章。相关的优秀科普作品为 Robert J. Sternberg, *Successful Intelligence: How Practical and Creative Intelligence Determine Success in Life* (New York: Plume, 1997)。

3. 很显然，我喜欢安妮特·拉里奥的书，她的书值得一读。我在文中的观点来自 Annette Lareau, *Unequal Childhoods: Class, Race, and Family Life* (Berkeley: University of California Press, 2003)。

4. 另一部说明不应仅关注智商的著作为 Stephen J. Ceci，*On Intelligence: A Bioecological Treatise on Intellectual Development* (Cambridge, Mass.: Harvard University Press, 1996)。

5. 对特曼研究的一篇温和但又极具批判性的文章为 Gretchen Kreuter, "The Vanishing Genius: Lewis Terman and the Stanford Study," *History of Education Quarterly* 2, no.1 (March 1962): 6–18。

5　最佳时代：乔·弗洛姆的律师生涯

1. 关于世达律师事务所及公司并购文化的权威论述，请参看 Lincoln Caplan, *Skadden: Power, Money, and the Rise of a Legal Empire* (New York: Farrar,

Straus, and Giroux, 1993)。

2.1974 年 11 月 8 日，亚历山大 · 比克尔的讣告被发布在《纽约时报》上。他的采访笔录来自美国犹太人委员会的口述历史项目，该项目的相关记录被保存在纽约公共图书馆中。

3.Erwin O. Smigel, *The Wall Street Lawyer: Professinal Organization Man* ?（Bloomington:Indiana Oniversity Press, 1969）, p.37.

4. 路易斯 · 奥钦科洛斯写了很多有关战后曼哈顿旧律师事务所发生的变化的文章。引文摘自 Louis Auchincloss, *The Scarlet Letters*（New York:Houghton Mifflin, 2003）, p.153。

5. 有关犹太律师崛起的权威性说明，请参见 Eli Wald, "The Rise and Fall of the WASP and Jewish Law Firms," *Stanford Law Review* 60, no. 6 (2008)：1803。

6. 大萧条时期美国底层律师所遭受的毁灭性经济打击请参见 Jerold S. Auerbach, *Unequal Justice: Lawyers and Social Change in Modern America* (Oxford：Oxford University Press, 1976). p.159。

7. 20 世纪美国出生率波动的统计数据请参见 http://www.infoplease.com/ipa/A0005067.html。

8. 关于"人口低谷"带来的影响请参见 Richard A. Easterlin, *Birth and Fortune: The Impact of Numbers on Personal Welfare*（Chicago: University of Chicago Press, 1987）。H. 斯科特 · 戈登对"人口低谷"中出生的孩子所处环境的赞美来自他于 1977 年 6 月在加利福尼亚州举行的西方经济协会年会主席致辞《人口学之幸：最佳出生时机》中的第 4 点，文中引用内容在该文章的第 31 页。

9. 波吉尼特夫妻的故事是路易斯 · 波吉尼特讲述给哈罗德 · H. 弗里德曼的，后者将其写成著作出版：Harold H. Friedman , *The Happiest Man: The Life of Louis Borgenicht* (New York: G. P. Putnam's Sons, 1942)。

10. 更多关于 19 世纪和 20 世纪美国移民的职业状况，请参见 Thomas

Kessner, *The Golden Door: Italian and Jewish Immigrant Mobility in New York City 1880–1915* (New York: Oxford University Press, 1977)。

11. Stephen Steinberg, *The Ethnic Myth: Race, Ethnicity, and Class in America*（Boston:Beacon Press ,1982）.

12. 路易丝 · 法卡斯的研究是她大学硕士论文的一部分：Louise Farkas, "Occupational Genealogies of Jews in Eastern Europe and America, 1880–1924" (New York: Queens College Spring Thesis, 1982)。

6　文化差异：小镇哈伦

1. Harry M. Caudill, *Night Comes to the Cumberlands: A Biography of a Depressed Area*（Boston:Little, Brown,1962）.

2. 煤炭开采对哈伦县的影响可参见 Paul Frederick Cressey, "Social Disorganization and Reorganization in Harlan County, Kentucky," *American Sociological Review* 14, no. 3 (June 1949): 389–394。

3. 血腥而复杂的"特纳–霍华德"之争，以及其他肯塔基州的纷争可参见 John Ed Pearce, *Days of Darkness: The Feuds of Eastern Kentucky* (Lexington: University Press of Kentucky, 1994), p. 11。

4. 从人类学角度对这些冲突的评估可参见 Keith F. Otterbein in "Five Feuds: An Analysis of Homicides in Eastern Kentucky in the Late Nineteenth Century," *American Anthropologist* 102, no. 2 (June 2000): 231–243。

5. J. K. Campbell, "Honour and the Devil," in J. G. Peristiany (ed.), *Honour and Shame: The Values of Mediterranean Society* (Chicago: University of Chicago Press, 1966).

6. 苏格兰南部偏远地区的苏格兰人血统和特殊方言音可以在戴维 · 哈基特 · 菲舍尔对美国早期历史进行的具有里程碑意义的研究中找到，参见 David Hackett Fischer , *Albion's Seed: Four British Folkways in America* (Oxford: Oxford

University Press, 1989), p. 652。

7. 美国南方的高谋杀率，以及这些谋杀的特殊性质请参见 John Shelton Reed , *One South: An Ethnic Approach to Regional Culture* (Baton Rouge: Louisiana State University Press, 1982), 尤其是第 11 章："Below the Smith and Wesson Line"。

8. 有关美国南方人的"南方特质"的历史成因和密歇根大学进行的侮辱性实验的更多信息，请参见 Richard E. Nisbett and Dov Cohen, *Culture of Honor: The Psychology of Violence in the South* (Boulder, Colo.: Westview Press, Inc., 1996)。

9. 多夫 · 科恩、约瑟夫 · 范德罗、西尔维娅 · 普恩特和阿德里安 · 瑞安提拉一起进行了另一项有关美国南北文化鸿沟的研究：Dov Cohen, Joseph Vandello, Sylvia Puente, Adrian Rantilla, " 'When You Call Me That, Smile!' How Norms for Politeness, Interaction Styles, and Aggression Work Together in Southern Culture," *Social Psychology Quarterly* 62, no. 3 (1999): 257–275。

7　权力距离指数：韩国飞机失事率

1. 负责调查民航事故的 NTSB 发布了有关大韩航空 801 坠毁的飞机事故报告（NTSB / AAR- 00/01）。

2. 关于"三里岛事故"的脚注中的分析的主要参考文献为 Charles Perrow, *Normal Accidents: Living with High Risk Technologies*（New York:Basic Books, 1984）。

3. 这一结论来自 NTSB 于 1994 年发布的一项名为《1978 年至 1990 年美国机组人员的重大飞行事故回顾》的安全性研究（NTSB/ SS- 94/01）。

4. 在 NTSB 事故报告（AAR-91 / 04）中可以找到有关阿维安卡航空 052 航班空难的对话记录和相关分析。

5. 乌特 · 菲舍尔和朱迪思 · 奥瑞森努这一研究已以"文化多样性与机组人

员交流”(“Cultural Diversity and Crew Communication”)为题于 1999 年 10 月在阿姆斯特丹举行的第 50 届航天会议上发表。该研究报告由美国航空航天学会出版。

6. 菲舍尔和奥瑞森努的第二项研究《挑战性策略:在预防和纠正错误中的作用》(“Error- Challenging Strategies: Their Role in Preventing and Correcting Errors”)中引用了这位命运多舛的佛罗里达航空公司机长与副机长之间的对话。该研究发布于三年一度的国际人类工程学协会第十四届代表大会暨人为因素与人体工程学学会第四十届年会(于 2000 年 8 月在加利福尼亚州圣迭戈举行)上。

7. 国籍对行为的影响是由海尔特·霍夫斯泰德研究得出的,参见 Geert Hofstede, *Culture's Consequences: Comparing Values, Behaviors, Institutions, and Organizations Across Nations* (Thousand Oaks, California: Sage Publications, 2001)。他在书中第 102 页引用的关于法国和德国制造工厂的研究来自 M. Brossard and M. Maurice, “ Existe-t-il un modèle universel des structures d'organisation?,” *Sociologie du Travail* 16, no. 4 (1974): 482–495。

8. 霍夫斯泰德的“维度”在航空公司飞行员中的应用可见 Robert L. Helmreich and Ashleigh Merritt, “Culture in the Cockpit: Do Hofstede's Dimensions Replicate?,” *Journal of Cross-Cultural Psychology* 31, no. 3 (May 2000): 283–301。

9. 罗伯特·黑尔姆赖希对阿维安卡航空公司飞机坠毁的文化分析参见 Robert L. Helmreich, “Anatomy of a System Accident: The Crash of Avianca Flight 052,” *International Journal of Aviation Psychology* 4, no. 3 (1994): 265–284。

10. 夏威夷大学的宋侯名在其论文中观察了韩国人与美国人相比在语言表达方面的间接性,参见 Ho-min Sohn, “Intercultural Communication in Cognitive Values: Americans and Koreans,” *Language and Linguistics* 9 (1993): 93–136。

8 内在优势：亚洲人精神

1. 想要详细了解水稻种植的历史和复杂性，请参见 Francesca Bray，*The Rice Economies: Technology and Development in Asian Societies* (Berkeley: University of California Press, 1994)。

2. 亚洲数字与西方数字相比的逻辑性可见 Stanislas Dehaene，*The Number Sense: How the Mind Creates Mathematics* (Oxford: Oxford University Press, 1997)。

3. 关于当地原住民令人惊讶的安逸而悠闲的生活的描述参见理查德 · B. 李（Rrchard B. Lee）和爱尔文 · 德 · 沃尔（Irven De Vore）在吉尔 · 纳什 – 米切尔（Jill Nosh-Mitchell）的协助下编辑出版的 *Man the Hunter*（New York: Aldine, 1968）中的第四章。

4. 欧洲农民一年的工作时间由安托万 · 拉瓦锡（Antoine Lavoisier）计算得出，并被 B. H. Slicher van Bath，*The Agrarian History of Western Europe, A.D. 500–1850*, trans. Olive Ordish (New York: St. Martin's, 1963) 所引用。

活动	天数	百分比
耕种	12	5.8
谷物收成	28	13.6
干草生产和运输	24	11.7
脱粒	130	63.1
其他工作	12	5.8
总计	206	100.0

5. Graham Robb, *The Discovery of France* (New York: W. W. Norton, 2007).

6. 俄国农民谚语的宿命论与这篇论述中国智慧的论文形成了鲜明对比：R. David Arkush , "*If Man Works Hard the Land Will Not Be Lazy*—Entrepreneurial Values in North Chinese Peasant Proverbs," *Modern China* 10, no. 4 (October 1984): 461–479。

7. 学生的 TIMSS 全国平均成绩与学生答题的持久性之间的相关性已在《八年级学生的数学和科学成就的民族差异的预测指标：来自六国教育的 TIMSS 的数据》（“Predictors of National Differences in Mathematics and Science Achievement of Eighth Grade Students: Data from TIMSS for the Six-Nation Educational Research Program”）中被评估。该研究项目由宾夕法尼亚大学教育研究生院社会政策研究与评估中心的埃尔林 · E. 博（Erling E. Boe）、亨利 · 梅（Henry May）、杰玛 · 巴卡尼奇（Gema Barkanic）、罗伯特 · F. 博鲁赫（Robert F. Boruch）撰写。该报告于 2002 年 2 月 28 日进行了修订。

TIMSS 测试多年来的结果可以在美国国家教育统计中心网站上找到：http://nces.ed.gov/timss/。

8. Priscilla Blinco, “Task Persistence in Japanese Elementary Schools,” in Edward Beauchamp ed. *Windows on Japanese Education*（New York: Greenwood Press, 1991）.

9　扭转风气：玛丽塔之幸

1. 保罗 · 托夫（Paul Tough）在《纽约时报》上发表的题为《如何培养一名大学生》（“What It Takes to Make a Student”，2006 年 11 月 26 日）的文章，研究了政府的“不让任何孩子落伍”政策的影响，产生教育差距的原因及特许学校如 KIPP 的影响。

2. Kenneth M. Gold, *School's In: The History of Summer Education in American Public Schools* (New York: Peter Lang, 2002) .

3. Karl L. Alexander, Doris R. Entwisle, and Linda S. Olson，“Schools, Achievement, and Inequality: A Seasonal Perspective,” *Education Evaluation and Policy Analysis* 23, no. 2 (Summer 2001): 171–191.

4. 大部分跨国数据来自 Michael J. Barrett，“The Case for More School Days,” *Atlantic Monthly* (November 1990): 78。

尾声　故事来自牙买加

1. William M. MacMillan，*Warning from the West Indies: A Tract for Africa and the Empire*（U.K: Penguin Books, 1938）.

2. 关于西印度群岛的中间肤色阶层的描述可见Donald L. Horowitz，“Color Differentiation in the American Systems of Slavery,” *Journal of Interdisciplinary History* 3, no.3 (Winter 1973): 509–541。

3. 20世纪50年代牙买加不同肤色阶层的人口和就业统计资料摘自Leonard Broom, “The Social Differentiation of Jamaica,” *American Sociological Review* 19, no. 2 (April 1954): 115–125。

4. 关于牙买加白人统治阶级的性剥削和恐怖行为请参见Trevor Burnard，*Mastery, Tyranny and Desire: Thomas Thistlewood and His Slaves in the Anglo-Jamaican World* (Chapel Hill: University of North Carolina Press, 2004)。

5. 家庭内部的不同肤色区分参见Fernando Henriques，“Colour Values in Jamaican Society,” *British Journal of Sociology* 2, no. 2 (June 1951): 115–121。

6. 乔伊丝·格拉德威尔在英国作为黑人妇女的经历来自Joyce Gladwell, *Brown Face, Big Master* (London: Inter-Varsity Press, 1969)。这是一本很棒的书，我强烈推荐你阅读（自然，我的这个评价可能是有些偏心的）。

延伸阅读

什么是异类？

“异类”是一个科学术语，被用于描述超出正常经验的事物或现象。在巴黎的夏天，我们预计大多数日子会介于“温暖”和“高温”之间。但是，如果你在八月中旬的某一天发现温度降至零下，那么那天就是一个“异类”。尽管我们对巴黎的夏季为何温暖或炎热了然于心，但对于为何在夏季可能出现寒冷的天气却知之甚少。在这本书中，我对那些可以被称作“异类”的人非常感兴趣——那些出于某种原因而获得非凡成就的，以至于超出一般经验的杰出的人，他们像八月的寒冷天气一样困扰着我们。

你为什么写《异类》？

当我发现自己一次又一次地思考同一主题时，我就会写一本书。我写《引爆点》的原因是对纽约市犯罪率的突然下降感到着迷，从而对流行病和流行过程的整个概念越来越感兴趣。我写《眨眼之间》是因为我又开始沉迷于思考为什么所有人似乎瞬间就能够对其他人做出判断，而无须进行任何真正的思考。

就《异类》而言，这本书源于我发现自己对我们解释真正的成功人士的方式感到沮丧。你知道人们是怎么评论比尔·盖茨、摇滚明星或其他“异类”的吗？“他们真的很聪明”或“他们真的很有野心”？好吧，我认识的很多人都很聪明，也都很有野心，但他们的身家却远远达不到600亿美元。令我惊讶的是，我们对成功的理解真的很粗糙，我认为，我们是有机会深入挖掘这一问题并提出更令人信服的解释的。

我们对成功的解释怎样“粗糙”了？

这有点儿令人困惑，因为我们当然不缺少对这一主题的兴趣。如果你去逛书店，那你可以找到一百本成功手册、名人传记或关于自我提高的书，其中概述了成就的六个关键要素（或者是七个？）。因此，我们对该主题应该非常精通才对。不过，在撰写《异类》时我意识到，我们太关注个体了。我们只聚焦于描述世界上最富有的人的特征、习惯和个性，这就是问题所在。要想真正理解“异类”，我认为必须关注个体以外的因素——他们所处的文化、社区环境及其家庭和世系。我们一直在观察某棵高大的树木，但我认为我们应该观察的是整片森林。

你能举一些例子吗？

当然。例如，《异类》中有一章着眼于这样一个事实，即纽约市最强大、最成功的律师的个人传记在很大程度上几乎是完全一样的：他们是犹太人；于20世纪30年代中期出生在布朗克斯或布鲁克林；其父母是移民一代，且在服装业工作。你可以将其称为“巧合”，或者像我一样提出问题：出生在大萧条时期、父母从事服装业的工作、犹太人，这些因素与将某人转变为一名非常成功的律师有什么关系？通过提出这些问题，你可以了解到为何那些人能达到领域内的最高水平。

这听起来像是在说，成功是个人无法控制的，是吗？

我不想将问题延伸到那一步，但是我确实认为，我们大大低估了与个人无关的因素在成功故事中扮演的角色。例如，通过观察为什么在1月、2月和3月会不成比例地出生大量职业冰球和足球运动员，你会发现一个“异类”的存在。我不会直接给你答案，破坏你探索问题的乐趣。关键是，最优秀的冰球运动员正是那些才华横溢、努力训练，但又在很大程度上从某种未经推敲的、奇特的组织方式中受益的人。

实际上，《异类》中关于生日的探索非常有趣。你知道如果想成为一名成功的软件企业家，你应该在某个特定的年份出生吗？如果你想成为真正的有钱人，你应该在哪一年出生呢？实际上，有一段为期9年的时期比历史上任何其他时期产生的“异类”都多。当你仔细观察时，你可以在成功人士的生活中找到很多类似的模式，这是一件非常了不起的事。

你在书中发现的最令人惊讶的模式是什么？

可能是在《异类》的最后几章中，谈论飞机失事的部分吧。事实证明，一名飞行员的素质与该飞行员来自何处（即他/她所处的文化）有很大关系。实际上，文化与坠机之间的联系是那样的紧密，这令我震惊，我以前从未想过这是真的。

这是否意味着我应该避免乘坐某些航空公司的飞机？

是的。不过，正如我在《异类》中所指出的那样，在意识到文化在飞行员中扮演的角色之后，一些最不安全的航空公司实际上已经开始了“清理行动”。

在《引爆点》中，你有一整章的内容是关于自杀的。在《眨眼之间》中，你用一篇有关迪亚洛遭到射击的文章作为书的结尾，而《异类》中则有一章是关于飞机的坠毁真相的。你有“黑暗”的一面吗？

是的，我是一个消极的“惊悚”作家！但是，说真的，我使用这些素材是有充分的理由的。我认为我们从极端情况中学到的东西比什么都多。灾难可以告诉我们一些我们从日常生活中学不到的思维和行为方式。这就是《异类》这本书的前提。那些不在我们常规经验范围内的人可以教给我们非常多的东西。

这本书与《眨眼之间》和《引爆点》相比如何？

从某种意义上说，它的与众不同之处在于它更加注重个体及其故事的描写，副标题“不一样的成功启示录”也表明了这一点。这本书中的很多内容都是在描述成功人士的生活，但却是以一种与以往不同的方式讲述他们的故事。我有一章专门介绍比尔·盖茨的非凡成就，但是我对他 17 岁以后发生的任何事情都不感兴趣。还有一章解释了为什么亚洲学生在数学方面的表现如此出色，但这几乎完全集中在那些学生的祖父母、曾祖父母和曾曾祖父母谋生的故事上。你将在《异类》中看到比在前两本书中更多的人物。

你在研究“异类”时最难忘的经历是什么？

有很多！我永远不会忘记与克里斯托弗·兰根共处的时间，他很可能是世界上最聪明的人。我以前从未像与他相处时那样感受到某人的智慧。这是一次令人生畏的经历，但也令人伤心欲绝——这种矛盾的感受正是我希望在“天才之忧”一章中表达的。我还去了中国南方，在稻田里闲逛；然后去了宾夕法尼亚州东部那个古怪的小镇，那里几乎没人患有心脏病；我还与失事调查员一起破译了失事飞机的“黑匣子”。我应该警告所有潜在的读者，一旦你对飞机失事的世界感兴趣，就很难将自己拽出来。直到现在我还是对此很着迷。

你希望人们从《异类》中获得什么？

我认为这是《异类》很像《眨眼之间》和《引爆点》的地方，它们都使我们对世界产生不同的认知方式：我希望《引爆点》能帮助读者理解，真正的改变是可能发生的；我希望借助《眨眼之间》使人们认真对待直觉的巨大力量；我希望《异类》可以使人们了解成功背后的多重因素。“异类”能成为“异类”，不仅仅源于他们自己的努力，还源于许多不同的人和许多不同的境况所做出的贡献，这意味着社会可以比我们想象的更深刻地决定个体的成功，并决定其在多大程度上获得成功。这是一个令人鼓舞、振奋人心的想法。

我注意到这本书专门致敬了“黛西”，她是谁？

黛西是我的祖母。她是一位了不起的女人，是她促成了我母亲的成功，使我的母亲能够走出农村。我的母亲在牙买加的一个小村庄长大，在英国接受大学教育，最终与我父亲相识并结婚。在《异类》的最后一章中，我结合了从本书中学到的所有经验教训，尝试了解黛西是如何做到这一点的。我以前从未写过这么私人的东西，我希望读者能像我一样被她的故事感动。

供讨论的问题和话题

1. 马尔科姆·格拉德威尔认为，不存在所谓的“白手起家”的人，成功人士之所以能够成功是因为他们的成长环境、家庭及其对努力工作的渴望。这种观点与你过去对成功的思考和理解有何不同？

2. 格拉德威尔在“权力距离指数：韩国飞机失事率”一章中讨论了一种不同“文化语言”所展现的不寻常作用。你认为你所在地区或国家的“文化语言”是什么？它是如何产生和发展的？它对你所在地区或国家的社会结构产生的作用是否是有利的？

3. 思考格拉德威尔所说的生物学家经常谈论的有机体的“生态学”的含义（第 9 页）。这与“优势累积”（第 14 页）有何相似之处？

4. 你是否相信天赋？根据格拉德威尔的看法，天赋、准备和机会之间的区别是什么？实践与成功之间又有什么联系？

5. “特曼人”指什么？为什么他们会获得这个绰号？格拉德威尔认为刘易斯·特曼错在哪儿？

6. 格拉德威尔认为我们以往思考成功的方式的后果是什么？这导致我们错过了哪些机会？你认为社会应该修改对成功的定义及对成功实现方式的定义吗？

7. “10 000 小时定律”在书中被用以审视个人成功的可能性，你认为这是一个令人鼓舞的观点还是一种宿命论的视角呢？这条定律会如何改变我们对“美国梦”的理解?

8. 格拉德威尔谈到了“异类”是如何受到他们所拥有的机会、教育和训练优势的影响而最终获得成功的。随着美国人收入差距的不断扩大，你认为社会流动率（取得成功的重要因素之一）会进一步降低吗?

9. 你的生活中有“异类”吗? 他们是谁? 他们的故事是什么? 读过这本书是否改变了你对他们的看法呢?